全球蓝色经济定量研究

刘大海 李 森 陈小英 著

海洋出版社

2018年·北京

图书在版编目(CIP)数据

全球蓝色经济定量研究 / 刘大海, 李森, 陈小英著.
— 北京:海洋出版社, 2018.3
ISBN 978-7-5210-0066-5

Ⅰ.①全… Ⅱ.①刘… ②李… ③陈… Ⅲ.①海洋经济－定量分析－世界 Ⅳ.①P74

中国版本图书馆CIP数据核字(2018)第053707号

责任编辑:苏　勤
责任印制:赵麟苏

海洋出版社 出版发行
http://www.oceanpress.com.cn
北京市海淀区大慧寺路8号　　邮编:100081
北京朝阳印刷厂有限责任公司印刷　　新华书店北京发行所经销
2018年3月第1版　　2018年3月第1次印刷
开本:787mm×1092mm　　1/16　　印张:13.5
字数:300千字　　定价:88.00元
发行部:62132549　　邮购部:68038093　　总编室:62114335
海洋版图书印、装错误可随时退换

前 言

　　开放、合作与发展是当前时代的主题。中共中央总书记、国家主席、中央军委主席习近平曾多次强调中国支持构建开放型世界经济。习近平主席在党的十九大报告中提出要推动形成全面开放新格局，开放带来进步，封闭必然落后。在2017年5月举办的"一带一路"高峰论坛上，习近平主席倡议要开创发展新机遇，谋求发展新动力，拓展发展新空间，实现优势互补、互利共赢，不断朝着人类命运共同体方向迈进。2017年6月，国家发展改革委、国家海洋局联合发布了《"一带一路"建设海上合作设想》。国家海洋局局长王宏表示，中国政府愿围绕构建包容、共赢、和平、创新和可持续发展的蓝色伙伴关系这一愿景，以发展蓝色经济为主线，共同建设中国—印度洋—非洲—地中海、中国—南太平洋—大洋洲、中国—北冰洋—欧洲三大蓝色经济通道，全方位推动与沿线各国在不同领域的务实合作，携手共走绿色发展之路、共创依海繁荣之路、共筑安全保障之路、共建智慧创新之路、共谋合作治理之路，实现人海和谐，共同发展。发展蓝色经济，实现海洋领域的开放、合作与发展是历史演变的必然，也是实现中国经济发展、展现大国形象的重要手段。

　　依托于海洋，蓝色经济迎来高速发展的时代，成为全球经济增长的新引擎。科学衡量蓝色经济开放水平，对于实现全球蓝色经济可持续发展，促进海洋领域的国际交流合作，推动中国蓝色经济向更深层次演进，具有重要的理论价值和现实意义。《全球蓝色经济定量研究》借鉴国内外关于经济增长与经济开放度测度等理论与方法，以蓝色经济内涵为基础，提出蓝色经济指数的概念，分别从海洋经济发达度、海洋社会通达度、海洋政治开放度和海洋科技合作度4个方面构建评价指标体系，定量测算2004—2015年样本国家的蓝色经济指数，力求客观、科学地反映世界蓝色经济开放水平和发展潜力的时空差异及演变历程，形成一套比较完整的指标体系和测度方法。通过指数测度，为综合评估蓝色经济发展进程，制定和完善各国蓝色经济相关政策提供支撑。此外，本研究还对中国蓝色经济开放、海洋经济全面开放和全球化水平进行定量分析，以期能多角度地反映出我国全方位对外开放的程度和水平。

需要指出的是，本研究是相关课题组成员集体合作的结晶，在这里，我们特别感谢沈君、何广顺、杨朝光、王殿昌、张占海、梁健、曹斐等领导、专家一直以来对本研究给予的建议和指导，感谢国家海洋局第一海洋研究所给予的支持，感谢国家海洋局海洋经济管理专班全体成员的帮助。感谢国家海洋局第一海洋研究所海洋政策研究中心的邢文秀、于莹、李先杰、徐孟和李晓璇，厦门大学的葛佳敏同学，中央财经大学的欧阳慧敏同学、中国海洋大学的安晨星和刘方正同学对本书的修改和完善。

众所周知，学术研究是在继承前人研究成果的基础上，结合特定的选题背景和研究内容，对已有成果进行更深层次的分析和探讨，是继承性和创新性的有机统一。作为一项研究成果，本书当然也不例外，书中既有笔者的探索与思考，也有对他人成果的借鉴与引用。本书写作过程中所参考和引用的相关文献资料，笔者尽可能以脚注等形式进行标注和说明，但遗漏之处在所难免。在此，我们向所有被参考和引用文献资料的作者和译者表示衷心的感谢。

希望《全球蓝色经济定量研究》能够成为世界各国更好地认识海洋、了解蓝色经济发展进程的窗口。本研究首次提出蓝色经济指数概念并进行定量分析，难免存在不足之处，敬请读者批评指正，笔者会汲取各领域专家学者的宝贵意见，不断完善各项指数的评估方法、指标体系以及研究结论。相关意见请反馈至liudahai@fio.org.cn。

刘大海　李　森　陈小英
2017年9月于青岛

目 录

第一篇　概述

第一章　宏观背景与研究意义 ·· 2

第二章　基本内涵与体系构建 ·· 4
一、基本内涵 ·· 4
二、设计原则 ··· 10
三、指标体系 ··· 11
四、样本筛选 ··· 12
五、测算方法 ··· 12

第三章　主要研究内容 ··· 14

第二篇　主题研究

第四章　从数据看全球蓝色经济发展 ···································· 18
一、海洋商品贸易繁荣发展 ·· 19
二、蓝色产业发展新格局初步形成 ··· 24
三、海洋科技发展方兴未艾 ·· 27
四、海洋健康和发展状况引起全球高度重视 ······························· 29

第五章　全球蓝色经济指数评估分析 ······ 33
一、全球蓝色经济开放水平综合分析 ······ 34
二、海洋经济发达度评估分析 ······ 38
三、海洋社会通达度评估分析 ······ 40
四、海洋政治开放度评估分析 ······ 42
五、海洋科技合作度评估分析 ······ 44

第六章　从洲际视角看全球蓝色经济发展 ······ 46
一、洲际蓝色经济开放水平对比分析 ······ 47
二、北美洲蓝色经济指数评估分析 ······ 55
三、大洋洲蓝色经济指数评估分析 ······ 59
四、欧洲蓝色经济指数评估分析 ······ 61
五、亚洲蓝色经济指数评估分析 ······ 65
六、南美洲蓝色经济指数评估分析 ······ 68
七、非洲蓝色经济指数评估分析 ······ 69

第七章　从经济组织（或经济圈）看全球蓝色经济发展 ······ 72
一、区域蓝色经济开放水平对比分析 ······ 73
二、东北亚经济圈蓝色经济指数评估分析 ······ 78
三、北美自由贸易区蓝色经济指数评估分析 ······ 83
四、东盟蓝色经济指数评估分析 ······ 84
五、欧盟蓝色经济指数评估分析 ······ 87

第八章　全球蓝色经济发展进步与展望 ······ 90
一、蓝色经济发展机遇与挑战并存 ······ 90
二、全球蓝色经济发展前景广阔 ······ 95

第三篇 专题研究

第九章　G20沿海国家蓝色经济发展专题分析 …… 98
- 一、时序波动 …… 98
- 二、梯次划分 …… 101
- 三、领域分析 …… 104
- 四、结语 …… 109

第十章　"一带一路"沿线国家蓝色经济发展专题分析 …… 110
- 一、东盟五国 …… 110
- 二、南亚三国 …… 116
- 三、西亚三国 …… 119
- 四、欧洲十国 …… 122
- 五、独联体三国 …… 131

第十一章　中国蓝色经济发展专题分析 …… 134
- 一、中国蓝色经济指数评估分析 …… 134
- 二、中国蓝色经济在世界中的位置 …… 141

第十二章　中国海洋经济全方位开放水平专题分析 …… 151
- 一、实证结果分析 …… 151
- 二、讨论与建议 …… 153
- 三、结语 …… 161

第十三章　中国沿海城市全球化发展水平专题分析 …… 162
- 一、实证结果分析 …… 162

二、规律总结 ………………………………………………………… 165

三、结语 ……………………………………………………………… 168

第四篇　附录

附录一　蓝色经济指数评价指标体系 ……………………………… 170

附录二　蓝色经济指数指标解释 …………………………………… 171

附录三　蓝色经济指数评估方法 …………………………………… 175

附录四　研究范围划分依据 ………………………………………… 176

附录五　全球风电装机总量 ………………………………………… 179

附录六　全球蓝色经济指数 ………………………………………… 180

附录七　全球区域蓝色经济指数 …………………………………… 182

附录八　G20沿海国家蓝色经济指数 ……………………………… 188

附录九　中国沿海省市（自治区）海洋经济全方位开放指数 …… 193

附录十　中国沿海城市全球化城市发展指数 ……………………… 200

编制说明 ……………………………………………………………… 205

第一篇　概述

第一章　宏观背景与研究意义

自1982年《联合国海洋法公约》生效以来，全球海洋经济和政治格局发生了重大变化，国际社会普遍意识到海洋是人类生存与发展的资源宝库和最后空间。海洋作为经济、社会乃至生命的支持系统，其地位日益受到沿海国家的高度重视。世界海洋理事会执行主席保罗·霍尔休斯（Paul Holthus）在分析海洋资源、服务空间和全球海上贸易量时指出"海洋经济等于全球经济"，海洋经济的发展将为全球经济注入新的生机与活力。历史数据表明，20世纪70年代初，海洋经济在世界经济中的比重仅占2%，1990年占比为5%，目前已经占到10%左右，预计到2050年，这一数值将上升到20%[1][2]。海洋已然成为全球新一轮竞争和发展的主战场，蓝色经济作为世界经济的重要组成之一，逐渐成为当今经济发展的重要增长点和动力源。

2017年4月17日，联合国教科文组织政府间海洋学委员会西太平洋分委会第十届国际科学大会在青岛召开。国家海洋局局长王宏在会上阐述了关于构建蓝色伙伴关系的主张和理念，并发出"共同建立蓝色伙伴关系"的倡议。当前，全球化蓬勃发展，在这种时代背景下，蓝色伙伴关系具有开放性、包容性、务实性和共赢性等特点，有关各方应积极构建蓝色伙伴关系，凝聚共识、分享成果、交流经验、携手同心，在推动发展和应对挑战等诸多方面，开启珍爱共有海洋、守护蓝色家园的共同行动。

随着世界经济的快速发展，陆地及陆域资源承载力已达到甚至超过其极限，海洋作为开展经济活动的重要通道和载体，其地位和作用日益显现。与此同时，自2008年全球金融危机爆发以来，世界经济低迷不振，经济增长动力不足，蓝色经济成为实现全球经济复苏的重要动力和源泉。此外，伴随着经济全球化的深入发展，构建新型蓝色伙伴关系有助于进一步加强和深化沿海国家在海洋领域的开放、交流与合作。然而，综观世界经济和蓝色经济的发展历程，有几个问题值得关注。

---

[1] 胡乃辉. 浅析"十一五"船舶与海洋工程的发展前景[J]. 广东造船, 2007, (01):13-15.
[2] 梁超. 海洋开发对沿海地区城市化进程的影响分析[D].中国海洋大学, 2010.

第一，从全球视角来看，当前蓝色经济发展仍处于起步阶段，蓝色经济开放和发展现状如何，面临何种机遇和挑战？

第二，从区域视角来看，各大洲或各经济组织间的蓝色经济开放水平存在怎样的差异？

第三，从国家视角来看，受地理位置、经济实力和国家政策等因素的影响，沿海国家的蓝色经济已发展到何种程度？沿海各国开展蓝色经济领域的开放、交流与合作，其利益共同点在哪里？

基于上述问题，本研究重点从全球和区域两个视角展开主题研究，深入分析全球蓝色经济开放水平和发展现状，并尝试总结一般性规律，以供借鉴。上述问题的解决，对世界和中国蓝色经济的开放发展具有重要意义，主要体现在以下几个方面。

蓝色经济指数对沿海国家蓝色经济开放具有指导意义。研究发现，目前国际学术界关于蓝色经济开放水平测度问题的相关研究尚处于空白状态，准确衡量沿海国家蓝色经济开放水平，明确全球蓝色经济发展现状及存在问题，对于实现蓝色经济蓬勃发展、深化国际海洋交流合作具有一定指导意义。

讲好中国故事，传播中国经验，提高制度性话语权。改革开放以来，中国以惊人的速度实现了大国崛起。作为世界第二大经济体，中国同样具有不俗的蓝色经济实力，也具有制定国家海洋发展评价标准、掌握国际海洋话语权的潜力。中国经济的快速发展有目共睹，与发达国家的技术差距呈逐渐缩小趋势，构建中国蓝色经济指数评价指标体系，并在实践中不断加以优化和完善，有助于向世界传播中国发展经验，赢得国际社会的信服，提高制度性话语权，树立国际海洋大国地位。

探明中国蓝色经济全面开放的水平和程度。当前，中国经济步入"新常态"发展阶段，蓝色经济也处于由规模速度型向质量效益型转变的过渡阶段，在这种情况下，明确全国和沿海各省市（自治区）的蓝色经济开放水平、海洋经济全面开放程度以及全球化水平等，对于指导未来我国蓝色经济向纵深发展、推进"21世纪海上丝绸之路"建设、打造全方位对外开放新格局、实现海洋强国战略目标等具有一定的政策参考价值。

第二章　基本内涵与体系构建

一、基本内涵

"蓝色经济"最早出现于1999年加拿大"蓝色经济与圣劳伦斯发展"论坛，目前对蓝色经济的概念仍存在多种界定。国外关于蓝色经济的研究起步较早，多数学者和国际组织普遍认为蓝色经济是可持续发展与绿色发展理念相结合的一种经济发展模式，该理念主要集中在欧洲（或欧盟）、北美洲、澳大利亚和韩国等发达国家或地区以及太平洋小海岛国家等[1]。

2011年，联合国教科文组织（UNESCO）、政府间海洋学委员会（IOC）、国际海事组织（IMO）、世界粮农组织（FAO）和联合国环境规划署（UNEP）等机构在《海洋和海岸带可持续的蓝图》报告中提出了蓝绿色经济的概念，认为目前尚无一个普遍定义，但应包含可持续发展的理念[2]；国际自然保护联盟（IUCN）从全球金融危机和海洋生态危机两个视角出发，倡导世界各国发展新型蓝色经济[3]；东亚海大会于2009年和2012年举办了两次蓝色经济论坛，并于2012年第四届东亚海可持续发展战略部长论坛上签署了《昌原宣言》，其中包括发展以海洋为基础的蓝色经济[4]。

由欧盟海洋总司委托的《蓝色增长是海洋和海岸带可持续增长的情景和驱动力》研究报告中表示，蓝色经济是与蓝色增长密切相关的一系列经济活动，但并不包括军事领域活动，其中蓝色增长是指明确的、可持续的和包容的海洋和海岸带的经济增长和就业增长[5]；2012年10月，欧盟成员国负责各国

---

[1] 何广顺,周秋麟.蓝色经济的定义和内涵[J].海洋经济,2013,3(04):9–18.

[2] UNEP, FAO, IMO, UNDP, IUCN, World Fish Center, GRID Arendal. Green Economy in a Blue World [R]. 2012. http：//www.unep.org/greeneconomy and www.unep.org/regionalseas.

[3] IUCN. Presentation for a blue economy [J]. 2009-05-06. http://www.iucn.org/knowl edge/focus/previous_focus_topics/2009_marine/?uNewsID=3134.

[4] 和讯网,国家海洋局陈连增副局长率团出席东亚海大会及东亚海可持续发展部长论坛[EB/OL].（2012-07-13）[2017-04-29]. http://news.hexun.com/2012-07-13/143555964.html.

[5] Ecorys, Deltares and Oceanic. Blue Growth Scenarios and drivers for Sustainable Growth from the Oceans, Seas and Coasts. Final Report [R]. 2012-08-13, pp206, http://webgate. ec.europa.eu/maritimeforum/content/2946.

海洋政策的部长在葡萄牙首都里斯本签署《利马索尔宣言》，该"宣言"强调"欧洲2020战略"必须以海洋作为强有力的支撑，以创造可持续蓝色经济的增长、竞争和就业机遇[1]；在2011年摩纳哥海洋可持续利用会议上，各与会专家认为实现绿色经济和可持续发展，必须考虑到海洋环境和海岸带地区，并认为关注海洋领域的可持续发展和绿色增长就是蓝色经济[2]；比利时著名学者甘特·鲍利（Gunter Pauli）于2009年出版《蓝色经济——提交罗马俱乐部的报告》，提出了蓝色经济的概念，认为蓝色经济是指贴近自然的循环经济，但与绿色经济（或生态经济）略有不同，是绿色经济的升级版[3]。

美国国家海洋与大气管理局卢布琴科博士最早提出"'蓝色经济'的本质是'蓝色的绿色经济'"的表述[4]；在2012年举办的APEC第二届蓝色经济论坛上，特拉华大学海洋政策中心认为蓝色经济的宗旨是将海洋环境和生态问题与经济社会发展融合起来，支持在维持海洋生态系统高生产力的基础上实现经济繁荣，蓝色经济已经成为世界各国关注的重点[5]；在2011年召开的加拿大水峰会上，戈登基金会、加拿大水网络和不列颠哥伦比亚省蓝水项目共同启动了蓝色经济计划（The Blue Economy Initiative），可以看出发展蓝色经济的主要目的之一在于应对水资源危机，反映出可持续发展的理念[6]。

澳大利亚在2012年Rio+20峰会上提交了《Rio+20和蓝色经济》国家报告，报告中指出蓝色经济即通过海洋生态系统为人类带来高效、可持续的经济和社会利益的一种经济形态[7]；澳大利亚国家海洋资源和安全中心的阿利斯泰尔教授（Alistair McIlgorm）认为，自1992年里约地球峰会以来，绿色经济

---

[1] Boost to blue economy as Limassol Declaration is adopted [EB/OL]. 2012-10-08. http://www.cy2012.eu/en/news/press-release-boost-to-blue-economy-as-limassol-declaration-isadopted

[2] Monaco Message on Ocean Sustainability [EB/OL]. 2011-12-09. http://www.uncsd2012.org/index.php?page=view&nr=641&type=230&menu=38.

[3] Gunter Pauli. The Blue Economy：A Report to the Club of Rome[R]. UNEP, 2009.

[4] Lubchenco Jane. The BLUE Economy: Understanding the Ocean's Role in the Nation's Future [R]. Capitol Hill Ocean Week, Washington, D C. June 9, 2009.

[5] Joseph Appiott. UD's Center for Marine Policy co-organizes Blue Economy Forum in China [EB/OL]. 2013-01-18. http://www.udel.edu/udaily/2013/jan/china-blue-economy-011813.html.

[6] Walter & Duncan Gordon Foundation, Canadian Water Network and RBC Blue Water Project team up for "Blue Economy Initiative". Blue Economy Initiative Announced [EB/OL]. 2011-06-14. http://www.blue-economy.ca/news/blue-economy-initiative-announced.

[7] Australian Government. Australia's Submission to the Rio+20 Compilation Document[R]. Rio+20 United Nations Conference on Sustainable Development, 2012.

成为国际热门术语，在2012年的里约会议筹备会中，蓝色经济概念的出现，反映了小海岛国家对维持渔业资源等可持续的海洋资产的关注[1]。

在2011年3月召开的联合国可持续发展大会筹备委员会的第二次会议上，所罗门群岛、小海岛国家联盟（Alliance of Small Island States，AOSIS）和太平洋小海岛发展中国家（Pacific Small Island Developing States，PSIDS）等强调小海岛国家的经济主要依赖于海洋资源的可持续利用，呼吁要发展以渔业和大洋为重点的蓝色经济[2]。

2010年，渔业适应气候变化的经济学会议在韩国釜山举办，韩国海事研究所所长Kee-Hyung Hwang出席会议并发表演讲，认为蓝色经济是指以海洋为主体的绿色经济，是一种新的经济增长引擎[3]；2012年6月4日，《蓝色经济愿景》一文在《韩国先驱报》发表，文章表明蓝色经济就是实现经济与海洋环境协调、可持续发展的经济，突出了海洋在实现绿色增长中的重要作用[4]。印度尼西亚前任总统苏西洛认为保护食品安全，需要保证海洋和海岸带的健康，并承诺印度尼西亚将会进一步发展蓝色经济，以确保海洋和海岸带地区的可持续和平等增长[5]。

从国内研究来看，许多学者多从区域、产业等角度进行研究，认为发展蓝色产业的经济即可称为蓝色经济。蓝色经济或蓝色产业的概念最早可以追溯到20世纪60年代开始的五次海水养殖浪潮[6]，被称为我国海洋经济发展史上的五次蓝色产业技术革命。20世纪80年代，我国提出了"蓝色革命"的新构想，即借助高科技向海洋甚至是内陆水域索取人类生存所需的水产品等。在此之后，越来越多的学者投入到蓝色经济相关研究。林仕厚（1998）、王

---

[1] Bluing the green economy [EB/OL]. 2011-11-11. http://media.uow.edu.au/news/UOW114028.html.
[2] International Institute for Sustainable Development (IISD).Summary of second session of the preparatory committee for the UN conference on ustainable development: 7-8 March 2011 [J]. Earth Negotiations Bulletin, PrepCom II FINAL, March 11, 2011.
[3] Kee-Hyung Hwang. Establishing a capacity-building program for developing countries in the "Blue Economy Initiative" of the EXPO 2012 Yeosu Korea, OECD Workshop on the Economics of Adapting Fisheries to Climate Change" [R]. Busan, Korea, June 10-11, 2010.
[4] Blue economy vision [N/OL]. 2012-06-03.The Korea Herald. http://www.koreaherald.com/view.php?ud=20120603000168.
[5] 赵鹏,赵锐.蓝色经济理念在全球的发展[J].海洋经济,2013,3(04):1-8.
[6] 五次蓝色产业技术革命分别为20世纪60年代的海洋藻类养殖浪潮、80年代的海洋虾类养殖浪潮、90年代的海洋贝类养殖浪潮、世纪之交的海洋鱼类养殖浪潮和最近几年的海珍品养殖浪潮。

永贵（1999）、陈及霖（2000）和许进（2000）等均曾涉及蓝色产业，郭文生（2001）、宋幼勤（2001）、孟平（2003）、黄聿诚（2003）、车亭（2007）和陈振凯（2008，2009）等都曾提及蓝色经济。梳理文献发现，国内大多数学者仅是结合实际问题而提及蓝色经济或蓝色产业相关表述，只有少数学者针对蓝色经济概念进行了专门研究。如：姜旭朝等（2010）认为蓝色经济是以蓝色理念为基础的海洋经济理论，以发展海洋经济为主线，包括中国海洋经济概况、海洋经济发展战略与规划、海洋区域经济、海洋渔业、滨海旅游业、海洋交通运输业、滨海工业、海洋生态产业、沿海蓝色经济理论以及信息经济的现状与发展等问题[1]；赵炳新等（2015）认为蓝色经济是由特定产业组成的产业簇，是海陆一体化的产业组合，不仅仅局限于海洋产业和涉海产业[2]。目前，国内学术界普遍认可的是国家海洋信息中心主任何广顺提出的概念，即蓝色经济是以可持续利用海洋空间和资源为目标，围绕经济、社会和生态协调发展，遵循生态系统途径，通过技术创新，发展海洋和海岸带经济的所有相关活动的总称[3]。

"蓝色"是人类对海洋本色的统称，是一种颜色引喻，象征着清洁、卫生、透明。蓝色经济概念的提出，充分展现了人类对于可持续发展的向往和追求。综观国内外相关研究可知，蓝色经济是在全球气候变化的背景下，为应对当前海洋资源和生态环境问题，保障海洋和海岸带经济可持续发展而提出的一种新兴概念。蓝色经济的概念超出了海洋经济的范畴，在不同的历史时期，被赋予了不同的内涵。基于国内外研究成果，本研究认为蓝色经济应具备以下几点特征[4]：①蓝色经济即海陆经济一体化发展。蓝色经济的兴起和发展意味着人类经济活动的视野和资源获取途径发生了从陆地向海洋的转移，必然伴随海陆产业结构的调整；②蓝色经济以绿色经济为前提。在经济社会发展和海洋生态保护矛盾日益激化的背景下，蓝色经济应运而生，因此其包含着生态经济、绿色经济的思想；③蓝色经济蕴含产业升级的思想。蓝色经济的宗旨是实现人海可持续发展，因此必须进行产业集群升级和产业结

---

[1] 姜旭朝,张继华,林强.蓝色经济研究动态[J].山东社会科学, 2010, (01):105-109+114+181.
[2] 赵炳新,肖雯雯,佟仁城,张江华,王莉莉.产业网络视角的蓝色经济内涵及其关联结构效应研究——以山东省为例[J].中国软科学, 2015, (08):135-147.
[3] 何广顺,周秋麟.蓝色经济的定义和内涵[J].海洋经济, 2013, 3(04):9-18.
[4] 在相关文献的基础上，并重点参考《产业网络视角的蓝色经济内涵及其关联结构效应研究——以山东省为例》加以总结得出结论。

构调整，以降低传统产业对海洋生态环境的负面影响；④蓝色经济为开放型经济。蓝色产业不仅局限于海洋产业和涉海产业，还包括海岸带地区的相关经济活动，海洋的外向型特征决定了蓝色经济必然是开放型经济。

当前，全球化进程不断加快，蓝色经济的外向性和开放性特征愈加明显，开展海洋领域的开放、交流与合作，逐渐成为沿海国家的普遍共识和关注的焦点。一方面，经济全球化方兴未艾，国家和地区间的交流与合作逐渐深入，各国海洋经济已不再局限于本国海洋产业的发展，更多地表现为开放发展、合作发展。另一方面，海洋的复杂性和包容性决定了海洋经济并非是独立发展的，而是与社会发展、政策制定、科技创新等存在密切联系。在社会发展领域，海上交通运输频繁，国际人员往来密切，全球通信技术发展，有力地推动了国家和地区间海洋社会的交流；在政治生活方面，各国开放政策深刻影响着国际海洋经济合作，在海洋经济开放发展的同时，海洋安全问题不容忽视；在科技发展领域，技术援助、成果共享等越来越受到各国的重视，海洋科技创新蓬勃发展，加之海洋生态问题日益严峻，海洋科技也成为各国解决环境问题的重要手段。因此，蓝色经济的开放、合作和发展将涉及经济、社会、政治和科技等多个领域，其中，海洋经济和海洋科技开放是蓝色经济发展的动力源，海洋社会和海洋政治开放则为其提供稳定的国内和国际环境。

基于蓝色经济的内涵界定，构建用以衡量一个国家或地区蓝色经济开放程度和发展水平的综合指数——蓝色经济指数（Blue Economic Index, BEI），以此来反映一国或地区的海洋经济发达度、海洋社会通达度、海洋政治开放度和海洋科技合作度。测算蓝色经济指数能客观、科学地反映出蓝色经济开放水平。蓝色经济指数具体可分为以下4个层面。

一是海洋经济发达度，旨在衡量沿海国家进入国际市场，参与国际生产、分配、交换和消费等经济活动的能力和程度，设置海洋贸易和资本流通两个二级指标。一方面，蓝色经济发展起源于海洋捕捞、海上贸易等活动，贸易往来是国际经济开放中最为基础且重要的环节，对促进生产要素流动、发挥各国比较优势并获得贸易利益意义非凡。另一方面，随着海洋贸易的发展，其对资本的需求日益旺盛，在加快资本流通速度的同时，也促进了多种投资方式的兴起，为蓝色经济发展提供了资本支持。

二是海洋社会通达度，反映了为蓝色经济开放提供基础和保障的社会环境的开放程度，设置海上交通、人员往来和通信开放3个二级指标。海洋贸易等经济活动依赖于海上交通，一国的海洋运输能力深刻影响着其蓝色经济发展的效率。随着交通运输体系的完善，国际人员往来日益密切，为蓝色经济发展提供了广泛的需求和智力支持。此外，社会信息化发展对通信技术提出了更高的要求，即时通信缩小了国家和地区间的距离差和时间差，有利于蓝色经济活动的高效开展。

三是海洋政治开放度，衡量一国对蓝色经济开放发展的政策支持程度，是蓝色经济开放的基础，设置国家政策和国家安全两个二级指标。一国的经济政策深刻影响着该国经济发展的方向，体现着一国的开放程度和国际影响力。开展蓝色经济开放合作，国家安全问题不容忽视，各国需维护公平合理的海洋秩序，切实保障国家海上安全和海洋权益。

四是海洋科技合作度，用以反映一国参与海洋领域的国际科学研究或科技共同研发等活动的能力和水平，设置科技产品、科技资金和科技成果3个二级指标。海洋科技是推动蓝色经济发展的根本动力，科技合作体现了蓝色经济向更深层次的发展。科技产品和服务的贸易体现了一国对高端产品的需求和贸易合作的深入发展；科技资金的流通体现了一国科技发展的资本基础和吸收、传播先进技术的能力；科技成果则反映了一国参与科技合作的成效。

基于以上，蓝色经济指数的评价指标体系共分为3个层次（见图2-1）。其中，第一层次用以反映全球沿海国家的蓝色经济整体开放水平，通过测算蓝色经济指数实现；第二层次用以反映海洋经济、海洋社会、海洋政治和海洋科技4个领域的总体发展情况；第三层次用以反映构成蓝色经济各个领域的25个三级指标的具体发展状况。

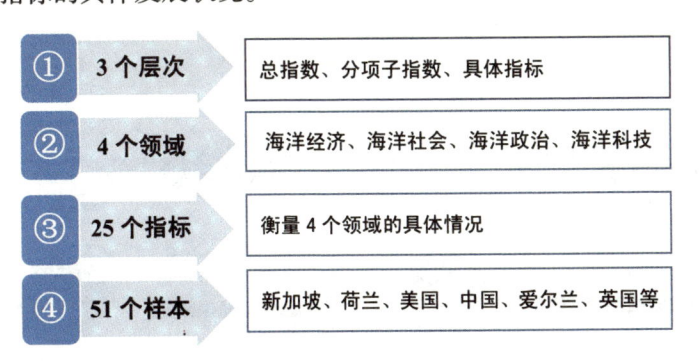

①	3个层次	总指数、分项子指数、具体指标
②	4个领域	海洋经济、海洋社会、海洋政治、海洋科技
③	25个指标	衡量4个领域的具体情况
④	51个样本	新加坡、荷兰、美国、中国、爱尔兰、英国等

图2-1 蓝色经济指数基本内涵

二、设计原则

本研究旨在通过借助蓝色经济指数来反映沿海国家蓝色经济的开放水平和发展潜力,其中,构建合理的评价指标体系是至关重要的一环,基于国内外相关研究,本研究在指标体系构建过程中重点考虑了以下4个原则。

客观性:强调对可考可查的真实数据进行简单相对化的处理,尽可能减少人为合成指标,运用可以检测和查阅的基础指标,通过可以评价和修正的权重进行计算,避免指数的灰色性、模糊性和不可追溯性,使得指数分析方法更加科学和准确。

权威性:所有指标主要来源于公认的全球官方统计和调查,通过正规渠道定期搜集,确保基本数据的准确性、权威性、持续性和及时性。蓝色经济指数测算所需数据主要来自于:世界银行数据库、联合国粮农组织渔业和水产养殖统计年鉴(FAO Fishery and Aquaculture Statistics Yearbook)、海关贸易数据库等。

科学性:评价指标的选取经多轮次专家意见征集和专家委员会研讨确认,各指标之间逻辑关系严密,各级指标均能体现科学性和客观性的思想,各指标均有独特的宏观表征意义,定义相对宽泛,并非对应唯一狭义数据,便于指标体系的扩展和调整。

全面性:蓝色经济指数评价指标体系共包含4项一级指标,10项二级指标和29项三级指标,尽可能从各个维度反映蓝色经济发展水平;未来指数研究将有一定的延展性,最大程度地依据社会反馈意见进行修正、补充和完善。

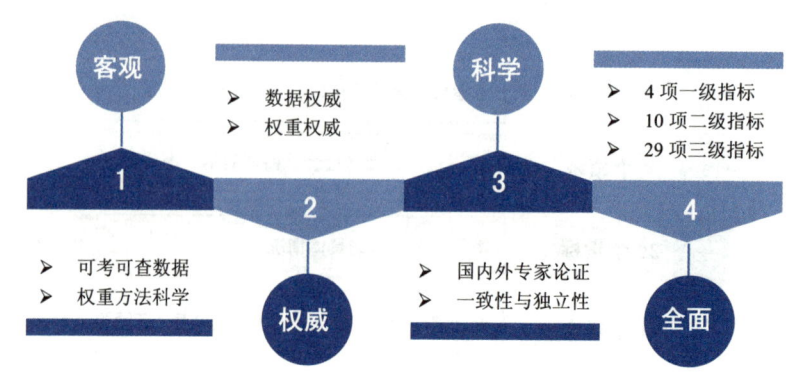

图2-2 蓝色经济指数评价指标体系构建原则

三、指标体系

蓝色经济指数，是对全球范围内被筛选的样本国家的蓝色经济开放水平的综合评价。基于蓝色经济内涵，从海洋经济、海洋社会、海洋政治和海洋科技4个方面建立了系统、全面、科学、可量化、易比较的蓝色经济指数评价指标体系，以期能客观、准确地反映蓝色经济发展现状，为各沿海国家发展更高水平的蓝色经济提供指导和参考。

根据蓝色经济指数评价指标体系的编制思路和设计原则，指标体系共包括4项一级指标、10项二级指标和25项三级指标[①]（见图2-3）。其中，一级指标主要从海洋经济、海洋社会、海洋政治和海洋科技4个维度揭示蓝色经济发展的内在规律；二级指标和三级指标则分别对上一级指标进行具体展开。

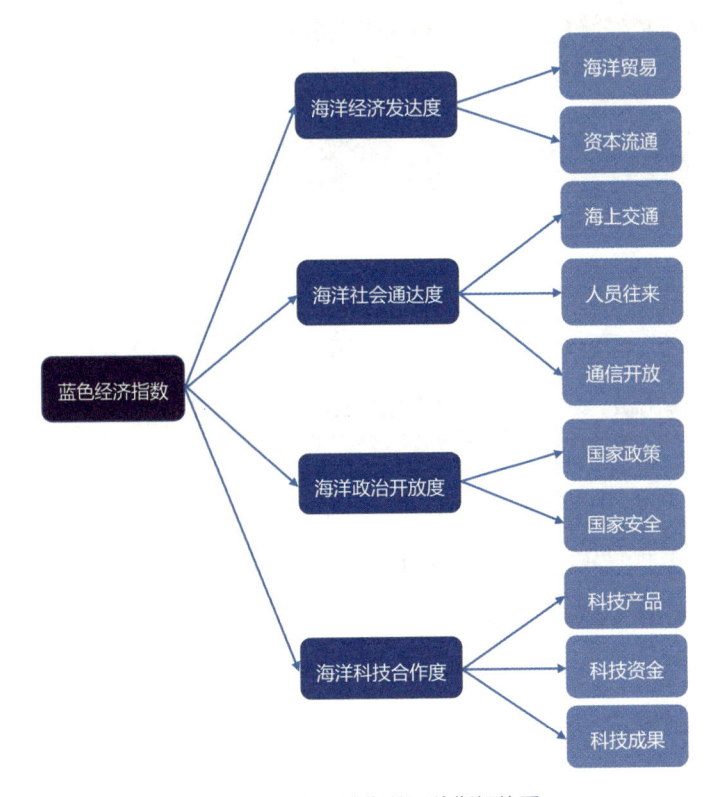

图2-3 蓝色经济指数评价指标体系

---

① 蓝色经济指数的三级指标未在本节进行展开说明，详细指标体系见附录一。

四、样本筛选

蓝色经济指数样本国家的筛选原则如下：既充分考虑样本国家的代表性和各指标数据的可获得性，又兼顾海洋领域各专家的意见。前者为主，后者为辅，客观与主观相结合。

基于样本筛选原则和2004—2015年各指标统计数据，本研究选取了51个沿海国家作为样本，如表2-1所示。通过测算样本国家的人口和GDP发现，2014年样本国家总人口约占全球总人口的72.15%，样本国家GDP约占全球GDP的85.55%；2015年样本国家总人口约占全球总人口的71.95%，样本国家GDP约占全球GDP的86.14%，可见这51个国家涵盖了全球70%以上的人口，创造了全球85%以上的GDP。因此，纳入测算的51个样本国家可以较为准确地反映全球蓝色经济的开放水平和未来发展趋势。

表2-1 蓝色经济指数样本筛选国家

洲 际	国 家
大洋洲	澳大利亚
欧 洲	荷兰、爱尔兰、英国、丹麦、瑞典、挪威、比利时、法国、德国、爱沙尼亚、芬兰、阿尔巴尼亚、克罗地亚、西班牙、希腊、葡萄牙、意大利、波兰、立陶宛、俄罗斯、拉脱维亚、斯洛文尼亚、保加利亚、乌克兰、罗马尼亚
亚 洲	新加坡、中国、韩国、马来西亚、日本、泰国、菲律宾、黎巴嫩、以色列、印度、格鲁吉亚、印度尼西亚、巴基斯坦、孟加拉国
北美洲	美国、加拿大
南美洲	智利、巴西、阿根廷、乌拉圭、秘鲁、哥伦比亚
非 洲	南非、埃及、肯尼亚

五、测算方法

蓝色经济指数的测算方法采用国际上流行的标杆分析法，即洛桑国际竞争力评价所采用的方法。标杆分析法是目前国际上广泛应用的一种评估方法，其原理是：对被评估对象给出一个基准值，并以此为标准去衡量所有被评估的对象，从而发现彼此之间的差距，给出排序结果。因此，蓝色经济指数的测算结果并不是各国各项指标的绝对水平，而是国家和地区进行横向比较的相对水平。进行蓝色经济指数的横向比较以反映各国蓝色经济开放水平差异，进行蓝色经济指数的纵向分析以反映一国蓝色经济的发展特点和演变趋势。

第三章 主要研究内容

《全球蓝色经济定量研究》拟通过构建蓝色经济指数，打造度量沿海国家蓝色经济开放水平的参照系；通过构建指数评价指标体系和测算样本国家蓝色经济指数，全面、客观地反映全球蓝色经济开放的特点和趋势；通过评价实践，探索构建规范、合理的评价蓝色经济开放水平的指标体系和分析框架；通过定期跟踪和考察，持续发布蓝色经济指数，发掘蓝色经济发展的新动力，推动世界各国蓝色经济融合共生发展。

《全球蓝色经济定量研究》客观分析了全球蓝色经济发展现状与发展趋势，构建了蓝色经济指数等一系列评价指标体系，定量测算了2004—2015年沿海国家的蓝色经济指数，分别从全球、洲际、经济组织（或经济圈）等视角进行分析和论述，对全球蓝色经济发展趋势开展了预测和展望，并从不同层面分别对G20沿海国家、"一带一路"沿线国家和中国沿海省市（自治区）等进行专题讨论，共分为4篇13章。

第一篇，概述，共分三章，其中：

第一章，宏观背景与研究意义。全面阐述了本研究的研究背景和研究意义，蓝色经济指数的构建对沿海国家蓝色经济开放与发展具有一定的指导价值，对提升中国国际海洋话语权也具有重要意义。

第二章，基本内涵与体系构建。从基本内涵、指标设计原则、评价指标体系、样本国家筛选和测算方法5个方面对蓝色经济指数进行了详细介绍。

第三章，主要研究内容。《全球蓝色经济定量研究》总体可分为概述、主题研究、专题研究和附录4篇以及13个具体章节，并对各章节的具体内容进行了简要概述。

第二篇，主题研究，共分五章，其中：

第四章，从数据看全球蓝色经济发展。从海洋商品贸易、新兴海洋产业、海洋科技发展和海洋生态环境4个方面的相关指标入手，对世界蓝色经济的发展现状进行了全面分析。

第五章，全球蓝色经济指数评估分析。对2004—2015年全球蓝色经济指数进行定量评估，结果表明：全球蓝色经济指数表现为波动上升趋势，年均增长速度为1.91%，增长幅度为22.68%，平均得分为56；4项一级指标得分差距明显，海洋政治开放度处于高位稳定发展状态；海洋经济发达度和海洋社会通达度增长幅度分别为45.69%和21.15%；海洋科技合作度则表现出下降趋势，下降幅度约为3.17%。

第六章，从洲际视角看全球蓝色经济发展。对2004—2015年全球六大洲蓝色经济指数进行定量评估，结果表明：各洲蓝色经济开放水平差距明显。其中，北美洲蓝色经济指数得分最高，大洋洲、欧洲和亚洲得分相当，南美洲和非洲得分则相对较低。总体来看，北美洲、大洋洲、欧洲和亚洲蓝色经济开放程度处于全球中上游水平；而南美洲和非洲蓝色经济开放程度则在全球平均水平之下。此外，各洲在不同海洋领域的开放程度也有显著差异。

第七章，从经济组织（或经济圈）看全球蓝色经济发展。对2004—2015年东北亚经济圈、北美自由贸易区、东盟和欧盟的蓝色经济指数进行定量评估，结果表明：各经济组织（或经济圈）蓝色经济开放程度均处于全球中上游水平，蓝色经济指数得分均在全球平均值以上。对比来看，东北亚经济圈和北美自由贸易区蓝色经济开放水平较高，东盟和欧盟则相对落后。各经济组织（或经济圈）在不同海洋领域的表现也有所差异。

第八章，全球蓝色经济发展进步与展望。基于以上评估结果，对世界蓝色经济开放水平进行了综合评价，并对2016—2020年全球蓝色经济指数得分和蓝色经济发展前景进行了展望。

第三篇，专题研究，共分五章，其中：

第九章，G20沿海国家蓝色经济发展专题分析。对2004—2015年G20中的16个沿海国家的蓝色经济指数进行对比分析，结果表明：各国蓝色经济指数排名变动情况差异较大；根据各国蓝色经济指数得分，可将其划分为3个梯次，不同梯次国家在不同海洋领域的发展各有侧重；各国在海洋经济、海洋社会、海洋政治和海洋科技领域的表现也各不相同。

第十章，"一带一路"沿线国家蓝色经济发展专题分析。对样本国家中的24个"一带一路"沿线国家2004—2015年的蓝色经济指数进行简要分析，以推进我国与沿线各国的合作发展之路。

第十一章，中国蓝色经济发展专题分析。从蓝色经济指数得分和排名两

个角度对中国蓝色经济发展现状进行描述和评价，结果表明：中国蓝色经济指数得分呈现出稳步上升的态势，蓝色经济开放水平处于全球领先地位；不同领域的发展状况各有其特点。

第十二章，中国海洋经济全方位开放水平专题分析。对2000—2014年中国11个沿海省市的海洋经济全方位开放指数进行了定量测算和比较研究，结果表明：沿海省市的海洋经济全方位开放水平可划分为4个梯次；各梯次历年指数排名有所变动，且海洋经济全开放结构各具特色。

第十三章，中国沿海城市全球化发展水平专题分析。对2015年中国沿海城市全球化水平进行了定量比较研究，结果表明：城市发展水平和居民生活质量是影响全球化水平的两个重要因素；沿海城市的全球化水平呈现显著的梯度差异；行政和地理区位因素在沿海城市全球化发展格局中发挥着重要作用。

第四篇，附录，共收录了10个方面的内容，其中：

附录一：蓝色经济指数评价指标体系；

附录二：蓝色经济指数指标解释；

附录三：蓝色经济指数评估方法；

附录四：研究范围划分依据；

附录五：全球风电装机总量；

附录六：全球蓝色经济指数；

附录七：全球区域蓝色经济指数；

附录八：G20沿海国家蓝色经济指数；

附录九：中国沿海省市（自治区）海洋经济全方位开放指数；

附录十：中国沿海城市全球化城市发展指数。

第二篇　主题研究

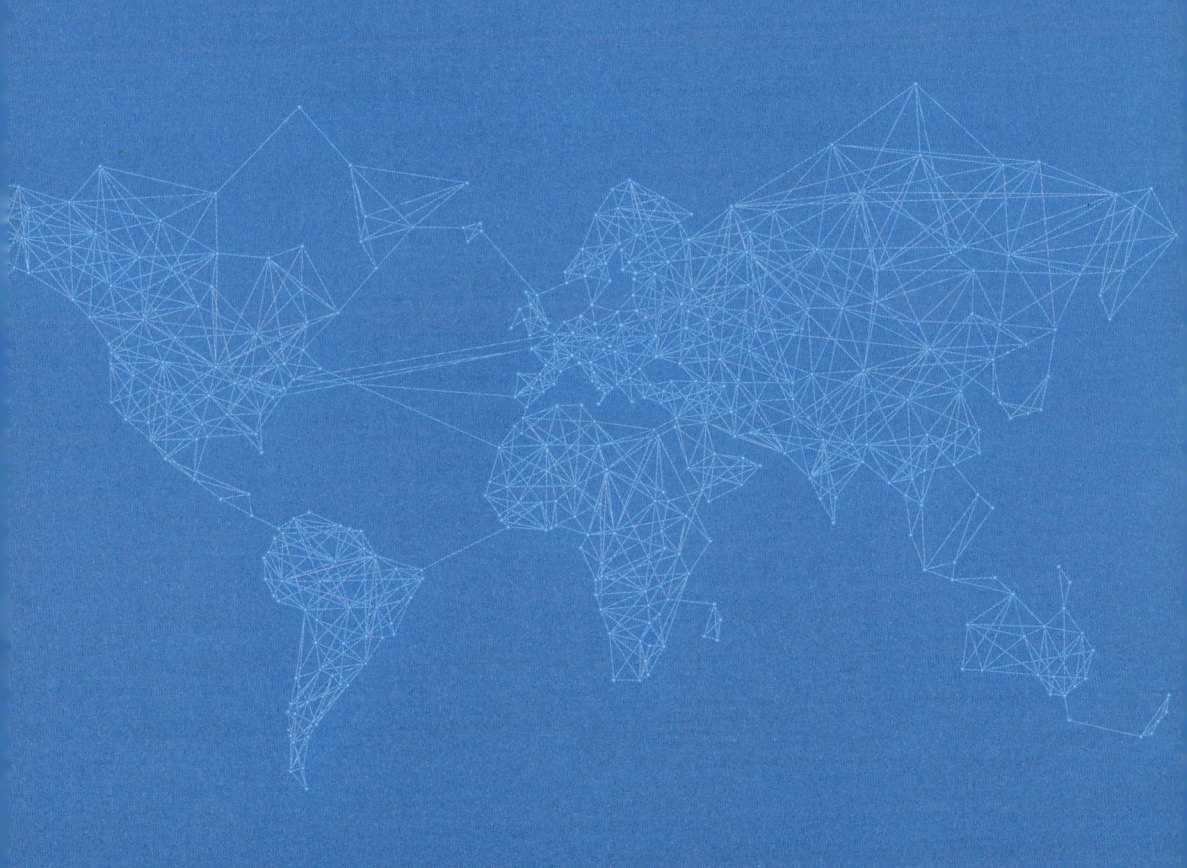

第四章　从数据看全球蓝色经济发展

新时期，世界经济地理发展呈现出沿海化、城市化和城市群化的特征。在经济全球化和区域经济一体化快速发展的宏观环境下，海洋的通道作用愈发显著，以海洋为载体和纽带的市场、技术、信息等合作日益紧密，沿海各国纷纷将发展蓝色经济提升到国家战略高度，蓝色经济开放水平不断增强，开放能力不断提升，开放成果日益凸显。本章选取了海洋商品贸易、新兴海洋产业、海洋科技发展和海洋生态环境4个方面的相关指标，分析全球蓝色经济发展现状[①]。

海洋商品贸易繁荣发展。全球主要沿海国家渔业进出口额持续增长，其中发达国家渔业进口额高于出口额，发展中国家渔业出口额高于进口额；世界海运贸易规模不断扩大，2015年海运贸易总量为100.50亿吨，相较于1990年增加了150倍以上。此外，世界海运贸易以原油、石油及天然气和干散货为主，其中干散货占据海运贸易的主导地位；沿海港口集装箱吞吐量连续增长，2014年全球集装箱港口吞吐量为6.79亿标准箱。

海洋产业发展新格局初步形成。海上风电产业取得长足发展，2015年全球风电总量为432 883兆瓦；海洋工程装备日趋成熟，2014年7月初，世界范围内共有海洋钻机853座，其中738座已有合约安排；海水淡化需求日益旺盛，目前全球已有120多个国家在运用海水淡化技术获取淡水，海水淡化厂约有1.30万座，海水淡化日产量在5560万吨左右；深海资源开发国际竞争日趋激烈，美国、日本、韩国等海洋大国争先恐后地掀起了"蓝色圈地"运动。

海洋科技发展方兴未艾。沿海各国海洋科技创新能力呈现出显著的梯度差异，中国后发优势明显；海洋生态问题备受关注，各国纷纷积极开展研究并采取相关行动；海洋酸化在海洋科研领域的关注度不断提高；北极研究持续升温，北极地区作为未来资源的一个重要来源地，将成为国际社会关注的

[①] 除特别标注外，本书所有数据均根据世界银行数据库，FAO Fishery and Aquaculture Statistics Yearbook，海关贸易数据库统计数据进行分析处理。

焦点；厄尔尼诺事件的影响不断扩散，相关研究受到全球重视。

海洋健康和发展状况引起全球高度重视。 全球CO_2排放量逐年上升，2013年全球CO_2排放量为358.50亿吨，人均CO_2排放量为4.99吨；部分物种生存面临严重威胁，2016年全球受胁鱼类达8124种，受胁鸟类达4393种，受胁哺乳动物达3406种；自20世纪90年代以来，全球海洋渔业捕捞量处于停滞状态；陆地及海洋保护区面积逐渐增加，2014年保护区面积占总领土的比例为12.81%，相较于2000年增长幅度为45.57%，相较于1990年增长幅度高达105.62%；世界对蓝色经济可持续发展的重视程度提高，特别是国际组织对蓝色经济可持续发展的引领作用不断加强。

一、海洋商品贸易繁荣发展

国际贸易是世界经济的重要组成部分，也是每个国家参与国际分工的纽带，它的发展可以直接促进和刺激经济的发展和社会的进步。海洋作为全球贸易最重要的载体之一，海洋贸易不仅影响着蓝色经济开放程度，更是对世界经济发展进程发挥着重要作用。

（一）渔业进出口额持续攀升

本研究统计了2004—2015年51个样本国家的渔业进出口总额[①]。由图4-1可以看出，全球主要沿海国家渔业进出口总额整体呈现出持续攀升态势，且渔业进口总额略高于渔业出口总额。具体来看，以2008年为界，可将这两项指标的变化过程划分为两个阶段，其中2004—2008年渔业进出口总额持续上升，2009年出现小幅度下降，此后渔业进出口总额再次保持上升态势。总体来看，2004—2014年样本国家渔业进口总额增长幅度为98.53%，渔业出口总额增长幅度为123.21%。根据趋势外推法的测算结果，2015年样本国家渔业进口总额预计会达到1282亿美元，渔业出口总额预计会达到1198亿美元，此时，渔业进出口总额增长幅度将分别达到109.48%和131.72%。

---

① FAO Fishery and Aquaculture Statistics Yearbook关于"渔业进出口额"的数据更新至2014年，为统一全书计算口径，采用趋势外推法对各国2015年渔业进出口额进行了估算。

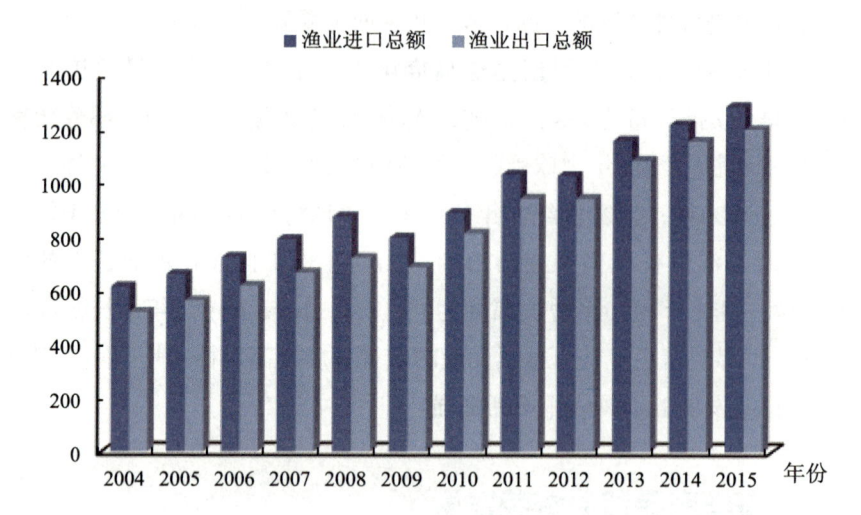

图4-1 2004—2015年全球主要沿海国家渔业进出口总额（亿美元）

一国经济的发达程度极大地影响着该国的国际贸易状况。就发达国家而言，渔业进口额高于渔业出口额，其中，2014年渔业进口额为948亿美元，2004—2014年增长幅度为82.53%，预计2015年渔业进口额为987亿美元；2014年渔业出口额为551亿美元，2004—2014年增长幅度为107.69%，预计2015年渔业出口额为570亿美元。就发展中国家而言，渔业出口额高于渔业进口额，其中，2014年渔业进口额为267亿美元，相对于2004年，增长幅度为189.81%，预计2015年渔业进口额为294亿美元；2014年渔业出口额为603亿美元，相对于2004年，增长幅度为139.81%，预计2015年渔业出口额为628亿美元（见图4-2）。此外还可以发现，发达国家和发展中国家的渔业出口额基本持平，但就渔业进口额而言，前者远高于后者（见图4-3）。

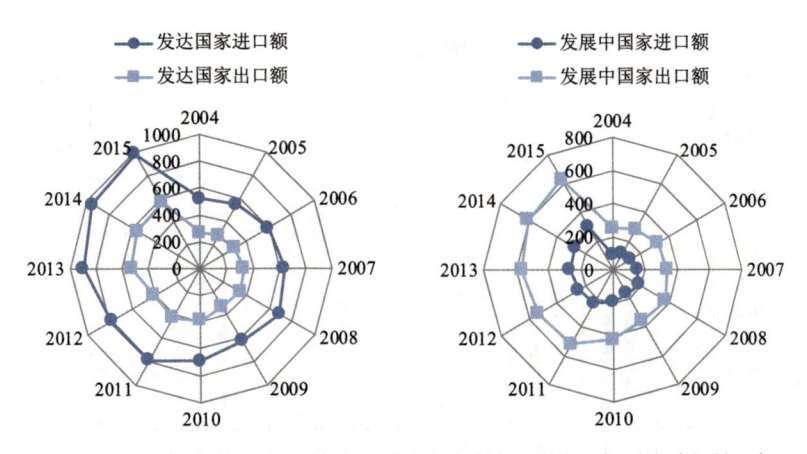

图4-2　2004—2015年发达国家和发展中国家渔业进出口额对比（亿美元）

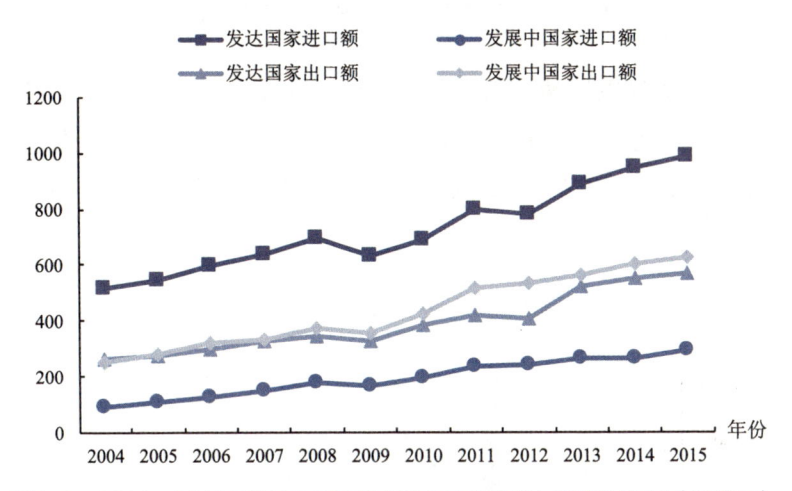

图4-3　2004—2015年发达国家和发展中国家渔业进口额和出口额（亿美元）

（二）全球海运贸易规模不断扩大

自1990年以来，世界海运贸易总量保持明显增长态势，2015年海运贸易总量为100.50亿吨，相较于1990年增长了1.5倍以上，海洋商品贸易繁荣发展。从增长率来看，1990—2015年期间，世界海运贸易总量增长率波动剧烈，受全球经济危机的影响，2009年海运贸易增长率跌至谷底，海运贸易总量也略有下降。此外，从图4-4中还可以看出，自2010年以来，海运贸易增长率呈现连年下降趋势，且逐渐趋近于0，全球海运贸易总量逐渐趋于稳定（见图4-4）。

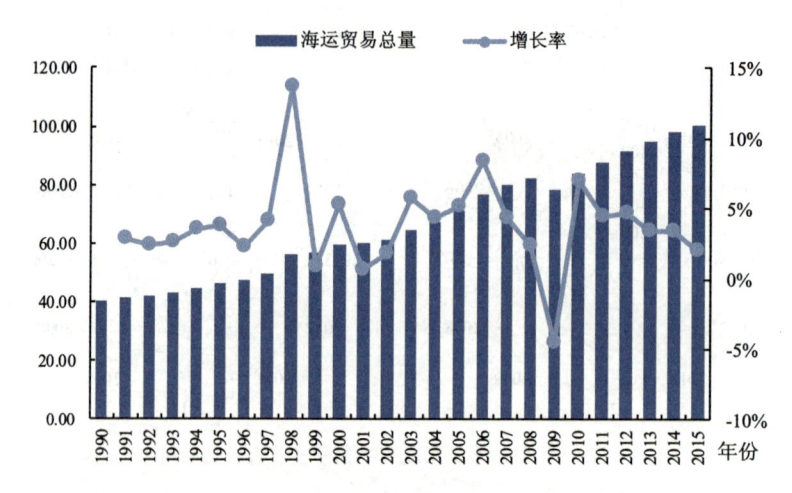

图4-4　1990—2015年世界海运贸易总量（亿吨）及增长率情况①

世界海运贸易以原油、石油及天然气和干散货为主，其中干散货占据海运贸易的主导地位，且所占比重呈现上升趋势；石油产品及天然气装载量占全球海运总量的比重基本保持稳定；原油装载量所占比重则出现大幅下降（见图4-5）。

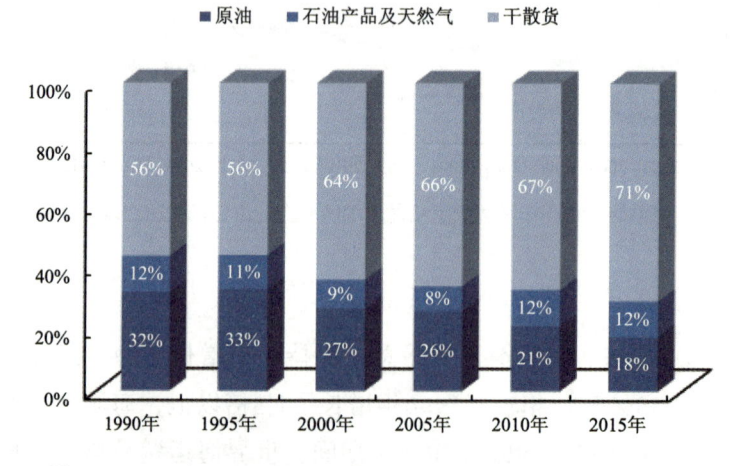

图4-5　1990年、1995年、2000年、2005年、2010年和2015年三类产品装载量占全球海运总量的比重

---

① 根据联合国贸易和发展会议United Nations Conference on Trade and Development (UNCTAD) 相关数据整理所得。

具体来看，1990年干散货装载量为22.53亿吨，2015年增长至71.01亿吨，增长幅度高达215.18%；1990年石油和天然气装载量为4.68亿吨，2015年达到11.76亿吨，增长幅度为151.28%；1990年原油装载量为12.87亿吨，2015年上升至17.71亿吨，增长幅度为37.61%（见图4-6）。

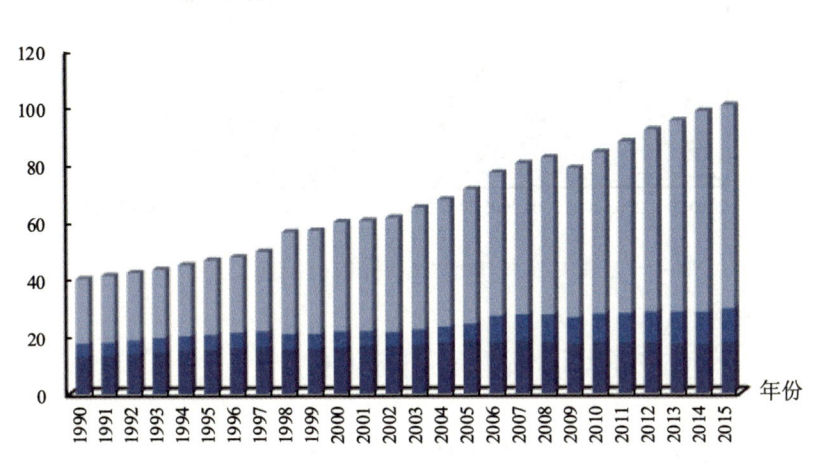

图4-6 1990—2015年原油、石油和天然气、干散货装载量（亿吨）

（三）沿海港口集装箱吞吐量逐年递增

2000—2015年全球集装箱港口吞吐量总体处于递增状态，仅2009年吞吐量略有下降，同样是由于2008年爆发的全球经济危机对世界海洋贸易造成了一定冲击。2014年全球集装箱港口吞吐量为6.79亿标准箱，相比于2000年的2.25亿标准箱，增长幅度高达201.78%。根据趋势外推法的测算结果，2015年全球集装箱港口吞吐量预计会达到7.20亿标准箱，海洋商品贸易发展迅速（见图4-7）。

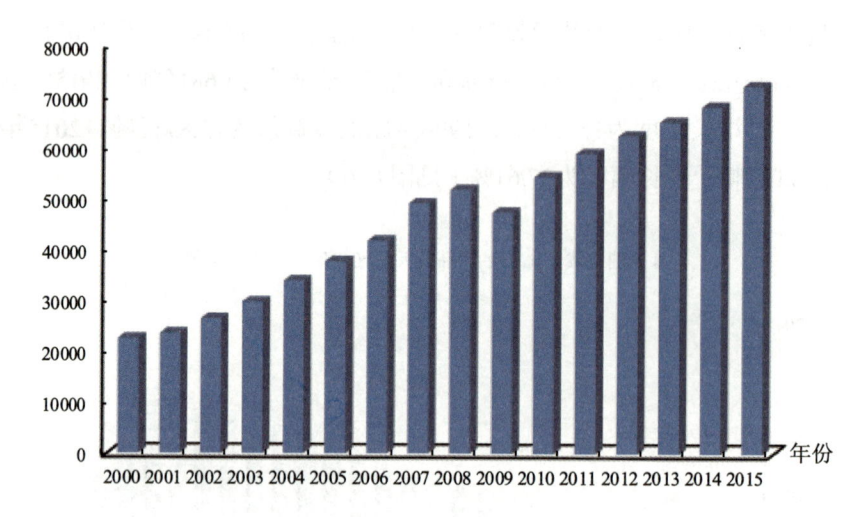

图4-7　2000—2015年世界集装箱港口吞吐量（万标准箱）[①]

二、蓝色产业发展新格局初步形成

当前，全球经济进入深度调整期，以资源为核心的传统海洋产业逐渐向以技术和服务为核心的新兴蓝色产业转变[②]，蓝色产业发展新格局已初步形成。基于新兴产业的概念，本节重点对4种新兴蓝色产业发展现状进行简要概述[③]。

（一）海上风电产业取得长足发展

海上风电具有资源丰富、开发利用小时数高、不占用土地、不消耗水资源和适宜大规模开发等特点。近年来，欧美国家均把风电开发的重点转向海洋，许多大型风电开发企业、设备制造企业正积极探索海上风电发展之路。2014—2015年，全球新增海上装机容量继续保持增长态势，海上风电产业取得长足发展。2014年全球风电装机总量为369 705兆瓦，2015年增长至432 883兆瓦，增长幅度为17.09%，其中亚洲和欧洲贡献最大，分别占全球总量的1/3以上，并且亚

[①] 世界银行关于"货柜码头吞吐量"数据更新至2014年，为统一全书计算口径，采用趋势外推法对全球2015年货柜码头吞吐量进行了估算。
[②] 新兴产业是指随着新的科研成果和新兴技术的发明应用而出现的新的部门和行业，主要包括海上风电、海工装备、海水利用、深海资源开发利用等。
[③] 林香红，高健，王占坤. 金融危机后世界海洋经济发展现状及特点研究综述[J]. 科技管理研究，2015, (23), 119-125.

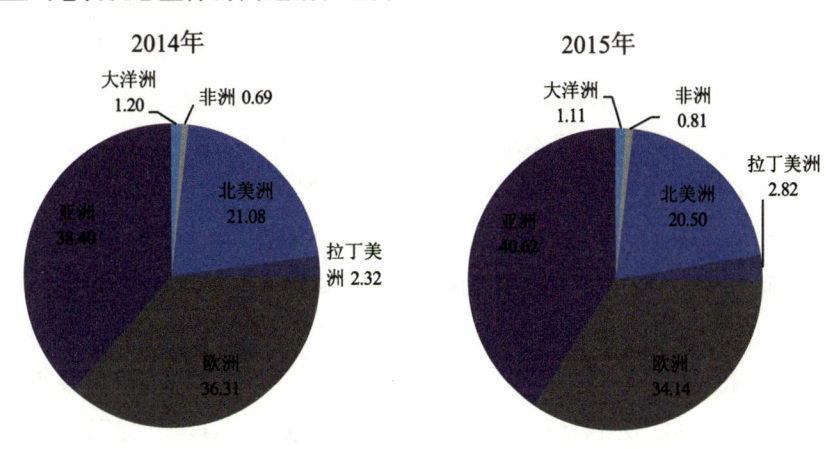

洲海上风电装机总量保持高速增长态势（见图4-8）。

2014年
- 大洋洲 1.20
- 非洲 0.69
- 北美洲 21.08
- 拉丁美洲 2.32
- 欧洲 36.31
- 亚洲 38.40

2015年
- 大洋洲 1.11
- 非洲 0.81
- 北美洲 20.50
- 拉丁美洲 2.82
- 欧洲 34.14
- 亚洲 40.62

图4-8　2014年和2015年各洲海上风电装机总量占全球总量的比重[①]（%）

从沿海各国海上风电发展现状来看（见附录五），中国在海洋清洁能源开发利用领域处于世界领跑地位，2015年中国风电装机总量为146 009兆瓦，约占亚洲总量的83.04%，约占全球总量的33.73%，由此可见，中国是推动全球海上风电产业发展的中坚力量（见图4-9）。

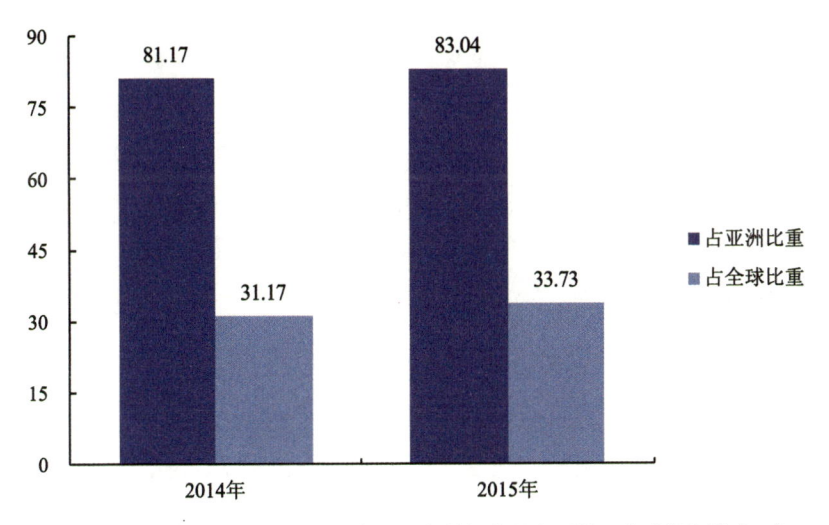

	2014年	2015年
占亚洲比重	81.17	83.04
占全球比重	31.17	33.73

图4-9　2014年和2015年中国海上风电装机总量占亚洲和全球的比重（%）

[①] 数据根据Global Wind Energy Council (GWEC)发布的Global Wind Report 2015整理所得。

25

（二）海洋工程装备日趋成熟

海洋工程装备主要是指海洋资源（特别是海洋油气资源）勘探、开采、加工、储运、管理、后勤服务等方面的大型工程装备和辅助装备。在国际油价持续走高、石油勘探技术取得长足进步的背景下，海洋油气开发日益活跃，海洋工程装备日趋成熟。2013年全球海洋油气钻采设备市场新签订单为524亿美元，连续3年保持在500亿美元以上的高位。根据HIS Petrodata的统计，截至2014年7月初，全球范围内共有853座海洋钻机，其中738座已有合约安排，工作状态利用率为86.52%，较2013年提高了约4个百分点。此外，老旧平台加速淘汰也将给行业带来更多替换需求[1]。另外，国际海工装备业从设计到生产过程已经实现了专业化分工，曾出现从欧美向日本、韩国、新加坡等亚洲国家扩展的趋势，现在制造产能正加速向中国转移。

（三）海水淡化需求日益旺盛

尽管地球表面70%以上被海水覆盖，但淡水却不及总水量的3%，扣除南北极冰盖、深地下水等，人类可利用的淡水资源不及0.37%，向海洋要淡水已成为人类的必然选择，海水淡化的需求日益旺盛。目前，世界上已有120多个国家在运用海水淡化技术获取淡水，全球海水淡化厂约有1.30万座，海水淡化日产量在5560万吨左右，相当于全球用水量的0.50%，可以解决1亿人的用水问题。从区域来看，在未来的20年内，国际海水淡化市场增长最快的将是以沙特阿拉伯、以色列、阿联酋、也门等为代表的中东地区，其次是美国、澳大利亚、阿尔及利亚、西班牙、新加坡、印度和中国。至2018年底，全球海水淡化设备市场的市值将有望达到152.74亿美元，预计2013—2018年的年复合增长率为9.10%。

（四）深海资源开发国际竞争日渐激烈

在近海资源开发趋于饱和的背景下，沿海各国纷纷把目光投向深远海，深海资源开发竞争日渐激烈。为抢夺国际海底区域内丰富的矿产资源，日本、美国、韩国、法国、俄罗斯、加拿大、意大利等海洋强国争先恐后地掀

---

[1] 中国海洋工程网.船舶海工迎接全球产业转移[EB/OL]. (2014-08-07)[2017-04-21]. http://www.chinaoffshore.com.cn/a/zixun/hangyexinwen/13529.html.

起了争夺开发权的"蓝色圈地"运动。美国是目前国际海底区域资源拥有量最大、开发技术最先进的国家，牢牢占据着深远海资源开发的主导地位。出于对21世纪战略资源的考虑，日本在深海金属矿、天然气水合物和深海生物基因的勘查和开发技术研究等方面的投资力度已居多国之首。此外，韩国、印度等新兴工业国家也在为加快区域海底资源的争夺做准备。韩国于1998年成功研制了6000米水下机器人，目前在太平洋有关国际海域进行热液硫化物和富钴结壳矿区的选区调查。印度在未来5年将投入75亿卢比（约合8.7亿元人民币）用于深海资源开发。当前国际海底区域活动的基本态势为：以占有国际海底区域资源为目的的勘查研究工作将向多元化方向发展，国际海底趋于资源的分配与开发权将主要取决于深海勘察开发技术水平[1]。

三、海洋科技发展方兴未艾

（一）沿海国家海洋科技创新能力梯次分明

海洋科技创新能力已经成为沿海国家争夺全球海洋领导地位和话语权的关键因素之一。由于各国经济发展水平和科技研发实力的不同，全球海洋科技创新能力呈现显著的梯度差异，具体表现为：美国在海洋科技创新领域处于领头羊地位，拥有伍兹霍尔（Woods Hole）和斯克瑞普斯（Scripps）两家全球顶级知名海洋科研机构；德国、日本、挪威、法国、澳大利亚、英国等国家海洋科技创新比较优势明显，稍逊于美国，属于追随者；中国、加拿大、瑞典、瑞士、比利时、俄罗斯等国家在海洋科技领域后发优势明显[2]。

（二）海洋生态问题继续维持较高热度

蓝色经济为全球经济发展带来强大动力，但与此同时，人类开发活动却为海洋生态环境带来了严重的负面影响，全球海洋生物多样性在过去几十年中急剧减少。1970—2012年间，全球海洋哺乳动物的数量减少了49%，个别物种的

---

[1] 彭建明，鞠成伟. 深海资源开发的全球治理：形势、体制与未来[J]. 国外理论动态，2016，(11):115–123.
[2] 全国海洋科技创新指数编制委员会. 全球海洋科技创新指数报告(2016) [R]. 北京：中国经济信息社，2016.

数量减少了75%①。根据英国谢菲尔德大学的最新研究成果，25%以上的海洋物种面临灭绝的可能②。珊瑚礁、红树林和海草等规模也发生了急剧缩减，全球大约有8.5亿人口直接受益于与珊瑚礁有关的经济、社会和文化等产业，由此也造成了严重损失。相关研究指出，在过去的10年，全球约有1.60%的海洋得到了强有力的保护，但是与陆地保护取得的成绩相比，尚存在很大的差距③。长期以来，海洋生态问题一直是海洋科技研究关注的热点之一。

（三）海洋酸化在海洋科研领域的关注度不断提高

由于与全球气候变化有直接关联，海洋酸化已经成为未来气候变化影响研究的重要方向之一。2015年相关研究表明：海洋酸化和气候变暖可能会造成生物多样性锐减和关键物种数量减少，甚至导致海洋食物链崩溃；一些生物群落能够在酸性环境下做出非常迅速的响应，这将可能影响相关行业的发展④⑤，可见海洋酸化的影响范围极其广泛，该研究领域有众多的研究选题和广阔的研究前景。海洋酸化研究对于全面深入认识气候变化的机理、海洋生态系统以及人类所受影响等方面具有很重要的研究价值。

（四）北极研究逐渐成为国际社会关注的热点

北极区域的资源潜力非常大，由于该区域气候的变化会降低冰层的厚度和面积，不仅会给油气资源的形成提供有利条件，还会为工业和交通运输业的发展创造新的机会。牛津大学牛津能源研究所（Oxford Institute for Energy Studies）发布报告称，基于北极潜在地质结构层和萎缩的冰盖，在未来的几十年里，北极区域将成为全球石油潜在的供应区域⑥。毋庸置疑，北极地区作

---

① World wild life.Living Blue Planet Report. https://www.worldwildlife.org/publications/living-blue-planet-report-2015.

② Cell.Global Patterns of Extinction Risk in Marine and Non-marine Systems. http://www.cell.com/current biology/abstract/S0960-9822(14)01624-8.

③ Science.Making waves:The science and politics of ocean protection.http://www.sciencemag.org/content/350/6259/382.

④ PNAS. Global alteration of ocean ecosystem functioning due to increasing human CO_2 emissions. http://www.pnas.org/content/early/2015/10/06/1510856112.

⑤ Wiley. Acidification effects on biofouling communities: winners and losers. http://onlinelibrary.wiley.com/doi/10.1111/gcb.12841/abstract.

⑥ Oxford Institute for Energy.The Prospects and Challenges for Arctic Oil Development. http://www.oxfordenergy.org/2014/11/prospects-challenges-arctic-oil-development/.

为未来资源的一个重要来源地,将成为国际社会关注的焦点。

(五)厄尔尼诺现象引起了海洋学界的极大关注

厄尔尼诺现象逐渐引起海洋科研领域的极大关注,各研究机构开展了大量研究和预测工作。例如,美国佐治亚理工学院(Georgia Institute of Technology,Gatech)的研究人员对太平洋圣诞岛的珊瑚礁考察后称,厄尔尼诺造成了珊瑚礁的白化,并且随着海温继续上升将越来越严重[1]。日本海洋地球科学与技术中心(Japan Agency for Marine-Earth Science and Technology,JAMSTEC)的应用实验室指出,热带太平洋发生的厄尔尼诺现象是自1997年以来强度最大的一次[2]。美国国家海洋和大气管理局(National Oceanic and Atmospheric Administration,NOAA)发布报告认为,2015年4月以来,中大西洋和西海岸区域的洪水灾害频发,是由厄尔尼诺引起的海平面上升和风暴潮频繁造成的[3]。研究指出,厄尔尼诺现象可能会导致整个太平洋人口密集地区风暴事件增加,造成极端沿海洪水事件增加和海岸带侵蚀更加严重[4]。厄尔尼诺现象严重威胁着人类生存和发展的外部环境,已成为全球海洋研究热点之一。

四、海洋健康和发展状况引起全球高度重视

随着经济快速发展和资源过度开发,生态问题将会越来越严重,逐渐威胁到人类的生存和发展,海洋也并不例外。在全球性普遍的经济增长与环境保护之间的矛盾日益激化的时代背景下,人类开始意识到海洋环境保护的重要性和迫切性,从过去的一味索取式开发开始转变为在开发利用的同时,将海洋作为生命的支持系统加以保护。

---

[1] El Niño Warming Causes Significant Coral Damage in Central Pacific. http://www.sciencedaily.com/releases/2015/12/151201101504.html.
[2] JAMSTEC.Future outlook for Super El Niño- Signs of La Niña in late 2016. http://www.jamstec.go.jp/e/jamstec_news/20151104/.
[3] NOAA.2014 State of Nuisance Tidal Flooding. http://www.noaanews.noaa.gov/stories2015/090915-noaa-report-finds-el-nino-may-accelerate-nuisance-flooding.html.
[4] Nature.Coastal Vulnerability Across the Pacific Dominated by El Niño/Southern Oscillation. http://www.nature.com/ngeo/journal/v8/n10/full/ngeo2539.html.

（一）全球温室气体排放量逐年上升

全球变暖会引起海平面上升和海水温度升高，进而引起全球尺度的海洋动力环境变化，如年际变化的厄尔尼诺现象和年代际变化的北太平洋涛动。海洋变暖，导致海洋生态环境变异，极端天气事件和海洋灾害加剧，如赤潮、动物种群变化等。因此，全球变暖对海洋环境具有重要影响。2000—2013年间，全球CO_2排放量和人均CO_2排放量均呈现出快速上升趋势。2013年全球CO_2排放量为358.49亿吨，相较于2000年增长幅度为45.33%；2013年全球人均CO_2排放量为4.99吨，相较于2000年增长幅度为23.82%。全球CO_2排放量的增长幅度远高于人均CO_2排放量，主要原因在于人口的快速增长，在人口压力和经济发展的双重影响下，全球气候变化面临严峻的挑战。根据趋势外推法的测算结果，2015年全球CO_2排放量预计会达到381亿吨，人均CO_2排放量预计会达到5.24吨（见图4-10）。

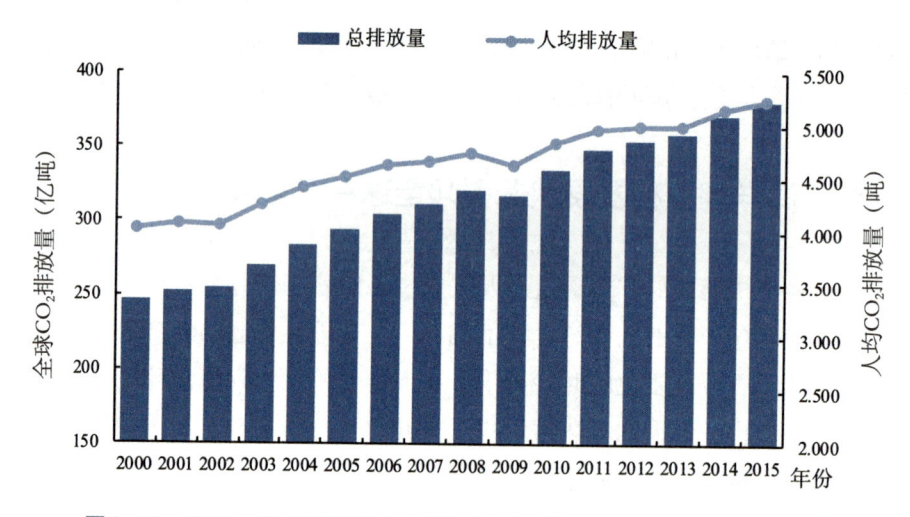

图4-10　2000—2015年全球CO_2排放量（亿吨）和人均CO_2排放量（吨）[①]

（二）部分物种生存面临严重威胁

根据世界银行统计数据，2016年全球受胁鱼类为8124种，受胁鸟类为4393种，受胁哺乳动物为3406种，生存环境的破坏严重威胁着部分物种的生

---

① 世界银行关于"二氧化碳排放量"数据更新至2013年，为统一全书计算口径，采用趋势外推法对全球2014年和2015年二氧化碳排放量进行了估算。

存和发展。不难发现，受胁鱼类数分别是鸟类和哺乳动物的1.85倍和2.39倍，由此也反映出海洋生态环境问题对于生物多样性的威胁最为严重。

（三）海洋渔业捕捞量停滞不前

近年来，在养殖渔业快速增长的同时，全球海洋渔业捕捞量自20世纪90年代初便逐渐处于停滞状态（见图4-11）。2013年，在联合国粮农组织评估的海洋鱼类资源中，近90%的鱼类被认为已充分捕捞或过度捕捞。据报告《重温沉没的数十亿》（The Sunken Billions Revisited）估计[1]，如果渔业进一步优化产业结构，同时改善渔获的数量、质量和可持续性，每年还可增加净收益830亿美元。

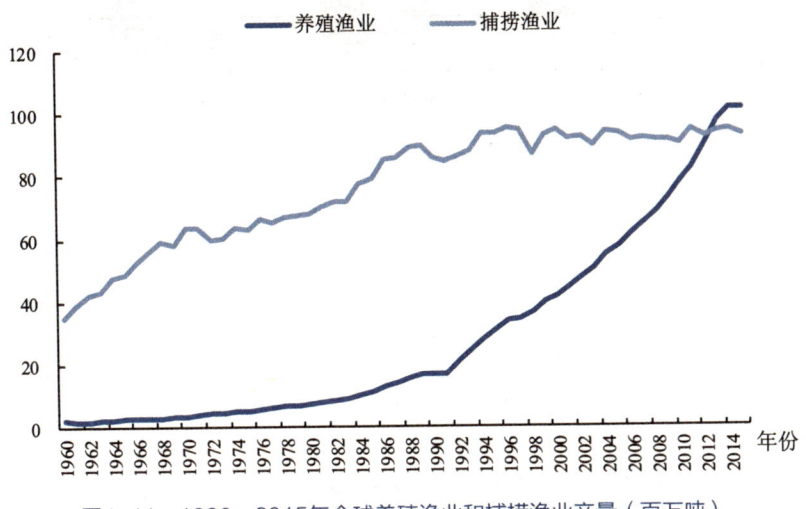

图4-11　1990—2015年全球养殖渔业和捕捞渔业产量（百万吨）

（四）陆地及海洋保护区面积逐渐增加

根据世界自然保护联盟（International Union for Conservation of Nature，IUCN）定义，海洋保护区是指通过法律程序或其他有效方式建立的，对其中部分或全部环境进行封闭保护的潮间带或潮下带陆架区域，包括其上覆水体及相关的动植物群落、历史及文化属性。从数据来看，1990年全球陆地及海洋保护区面积占总领土面积的比例为6.23%，2000年达到8.79%，增长幅度约

---

[1] 报告《重温沉没的数十亿》(The Sunken Billions Revisited) 的研究区间为1960—2014年，为统一全书计算口径，采用趋势外推法对全球2015年渔业养殖量和捕捞量进行了估算。

为41.25%；2014年该比例高达12.81%，相较于2000年增长幅度为45.57%，相较于1990年增长幅度为105.62%，可见全球陆地及海洋保护区面积不断增加，生态保护意识明显增强（见图4-12）。

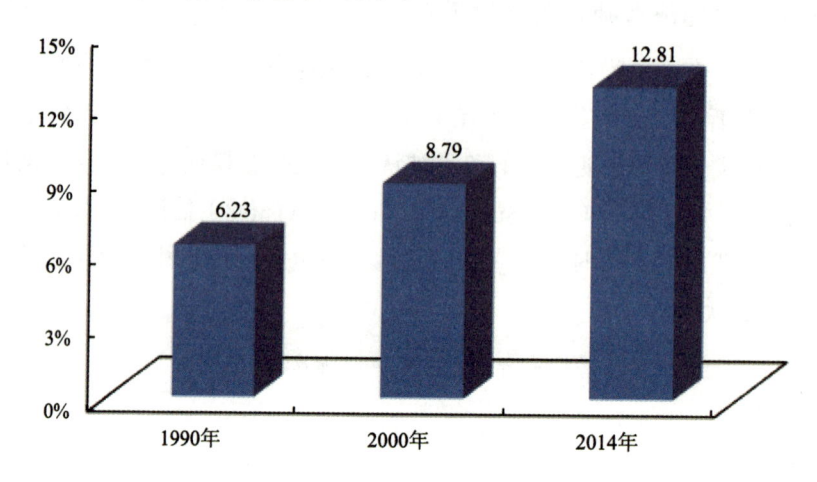

图4-12 1990、2000和2014年陆地及海洋保护区面积占总领土面积比例（%）[1]

（五）全球对蓝色经济可持续发展的重视程度加强

随着海洋开发活动在深度和广度上的拓展，海洋正面临着诸如水质污染、气候变化、资源耗竭等威胁，全球特别是国际组织对蓝色经济可持续发展的引领作用不断加强。2011年11月，联合国教科文组织、政府间海洋学委员会等机构联合发布《海洋及海岸带可持续发展蓝图》报告；美国国家海洋和大气管理局（NOAA）和联合国环境规划署（UNEP）于2011年联合发布"檀香山战略"（Honolulu Strategy），提出了治理海洋垃圾的指导原则；2012年1月，联合国环境规划署、开发计划署、粮农组织、经济和社会事务部等联合发布《蓝色世界里的绿色经济》；2012年2月，世界银行发起了"拯救海洋全球联合行动"；2012年9月，欧盟通过《蓝色增长倡议》；2012年12月，经济合作与发展组织（OECD）提出"海洋经济的未来——2030年海洋新兴产业的探索与展望"项目提案，致力于发展和投资海洋新兴产业；世界银行于2013年成立全球海洋合作机制——"蓝丝带小组"，该小组成员由16个国家的专家组成。

---

[1] 林香红, 高健, 王占坤. 金融危机后世界海洋经济发展现状及特点研究综述[J]. 科技管理研究, 2015, (23), 119-125.

第五章　全球蓝色经济指数评估分析

海洋占地球总面积的71%，是重要的国土资源和国家安全的屏障，也是人类可持续发展的重要财富。蓝色经济作为世界经济的重要组成部分，准确衡量全球蓝色经济开放水平，对于助推世界经济复苏，构建新型国际关系意义非凡。本章从全球视角对当前世界蓝色经济发展现状进行了详细的指数分析。

全球蓝色经济指数总体表现出波动上升趋势，2004—2015年年均增长速度为1.91%，增长幅度为22.68%。海洋政治开放度得分处于高位均衡发展状态，海洋社会通达度得分略高于蓝色经济指数，而海洋经济发达度和海洋科技合作度得分处于低位，一定程度上阻碍了蓝色经济向更高、更深层次发展。

海洋经济发达度得分普遍偏低，但总体呈现上升趋势，年均增长速度为4.37%，增长幅度为48.97%。其中，海洋贸易开放指数得分明显上升，年均增长速度为3.77%，增长幅度为45.69%；相比之下，资本流通开放指数波动明显，并且整体表现出下降趋势，2015年得分为24分，与2004年基本持平，对全球海洋经济发达程度的提升带来了一定的负面影响。

海洋社会通达度得分普遍较高且相对稳定，基本保持在66分左右，年均增长速度为1.79%，增长幅度为21.15%，预计将会稳定在70分左右。其中，通信开放指数一直保持上升趋势，年均增长速度为4.60%，增长幅度高达62.46%；海洋交通开放指数和人员往来开放指数均处于下降趋势，前者年均下降速度为1.01%，下降幅度为11.23%，后者年均下降速度为0.28%，下降幅度为4.44%。

海洋政治开放度处于高位均衡状态，多数年份得分保持在80分左右。其中，国家政策开放指数得分稳定在65分左右，年均增长速度为0.27%，增长幅度为2.56%；相比之下，国家安全开放指数的稳定性更强，并且得分明显高于国家政策开放指数。

海洋科技合作度处于低位递减状态，2015年得分为31分，与2004年相比，下降幅度约为3.17%。其中，科技产品开放指数、科技资金开放指数和科技成果开放指数得分普遍较低且变化幅度较小，着重提升海洋科技领域的开放程度，缩小差距，将是未来实现蓝色经济发展的有效手段。

一、全球蓝色经济开放水平综合分析

（一）蓝色经济开放水平持续提高

本研究以2004—2015年各样本国家蓝色经济指数的平均得分来衡量全球蓝色经济开放水平。根据标杆分析法原理可知，蓝色经济指数得分的高低反映各样本国家蓝色经济开放水平的差距，即指数得分愈高，各国发展差距愈小，反之差距则愈大；蓝色经济指数得分上升，表明样本国家蓝色经济开放水平的差距逐渐缩小，反之则表明各国差距有所扩大。

从历史变化情况来看（见表5-1和图5-1），全球蓝色经济指数得分总体表现出波动上升的走势，仅在2009年出现小幅下降，主要是受到2008年全球经济危机的影响。2004—2015年蓝色经济指数年均增长速度为1.91%，增长幅度为22.68%，2015年达到最高值62，由此反映出全球蓝色经济开放水平持续上升，各沿海国家间的发展差距逐渐缩小。

表5-1　2004—2015年全球蓝色经济指数和一级指标得分

年份	综合指标	一级指标			
	蓝色经济指数	海洋经济发达度	海洋社会通达度	海洋政治开放度	海洋科技合作度
2004	50	23	55	79	32
2005	52	28	58	80	30
2006	54	26	61	80	31
2007	55	28	64	80	28
2008	57	36	66	81	28
2009	55	30	66	79	33
2010	58	29	66	80	28
2011	57	29	64	81	30
2012	57	28	65	75	29
2013	57	31	66	74	30
2014	59	33	66	80	29
2015	62	35	67	80	31
平均值	56	30	64	79	30

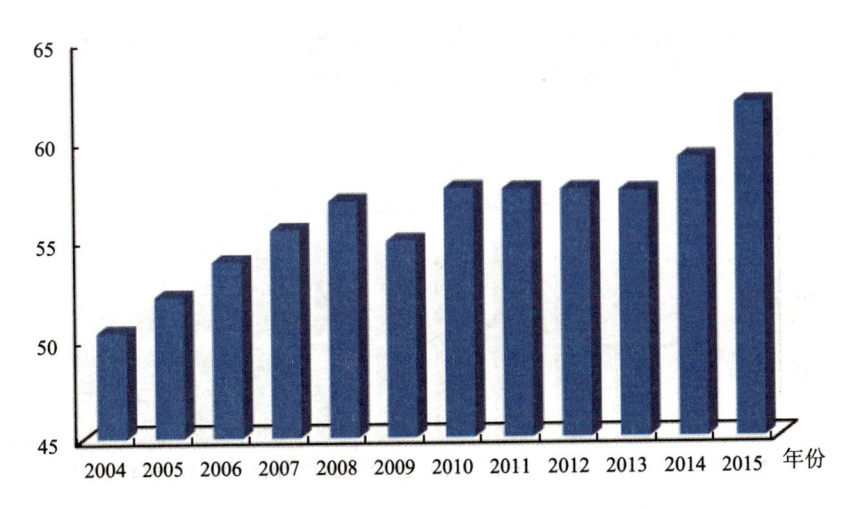

图5-1 2004—2015年全球蓝色经济指数得分

（二）不同海洋领域开放程度差距悬殊

本研究以2004—2015年沿海各国各项一级指标的平均得分来衡量全球不同海洋领域的开放程度（见表5-1和图5-2）。对比来看，海洋经济发达度得分最低，平均值仅为30分，总体表现出波动上升态势，年均增长速度为4.37%，增长幅度高达48.97%，2015年该项指标得分为35分；海洋科技合作度与海洋经济发达度水平大致相当，但不同的是，该指标总体表现出下降的变化趋势，下降幅度约为3.17%；相比之下，海洋社会通达度得分较高，多数年份保持为66分，并且总体处于上升状态，年均增长速度为1.79%，增长幅度为21.15%；海洋政治开放度优势最为突出，除个别年份外，其余年份该项指标得分均稳定在80分左右。

总体来看，全球海洋社会通达度和海洋政治开放度得分较高，表明沿海各国在海洋社会和海洋政治领域的发展水平和开放程度差距较小，蓝色经济开放的社会保障和政治基础坚实；而海洋经济发达度和海洋科技合作度两项指标得分较低，提高各国在海洋经济和海洋科技领域的合作程度将是推动全球蓝色经济开放发展的关键。

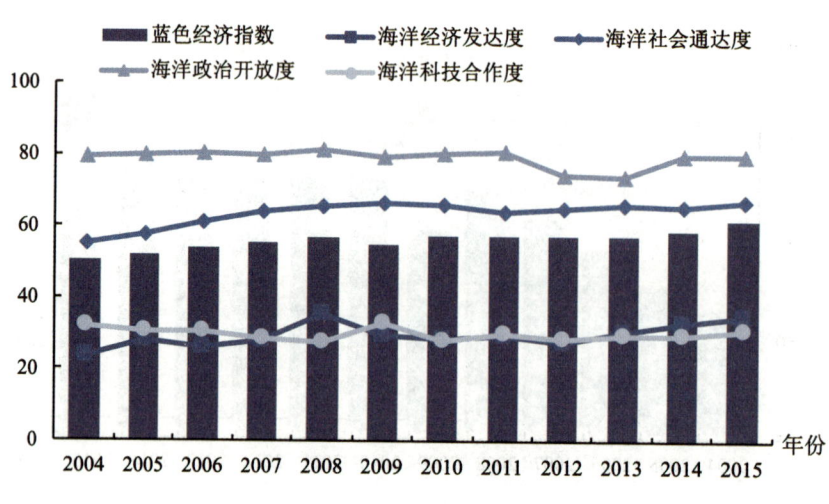

图5-2 2004—2015年全球蓝色经济指数和一级指标得分变化趋势

（三）沿海国家蓝色经济开放程度梯次分明

本研究共测算了全球51个国家2004—2015年的蓝色经济指数（见图5-3），根据测算结果，可以得到2004—2015年全球蓝色经济指数平均值为56分。运用SPSS软件对测算结果进行聚类分析后，总体上可将沿海各国划分为3个梯次。其中，第Ⅰ梯次国家（BEI得分在70分以上）包括新加坡、荷兰、美国、中国、爱尔兰、英国、韩国、丹麦和马来西亚9个国家。总体来看，第Ⅰ梯次国家蓝色经济开放水平较高，发展优势明显。优越的地理位置和雄厚的经济实力是第Ⅰ梯次国家蓝色经济指数得分处于高位的重要原因。第Ⅱ梯次国家（BEI得分在70分以下，56分以上）包括瑞典、挪威、比利时和日本等14个国家，表现为中等程度的蓝色经济开放水平。这些国家同样具有明显的地理区位优势，但因在部分领域发展略有欠缺，使得其蓝色经济开放程度处于全球中上游水平。第Ⅲ梯次国家（BEI得分在56分以下）包括智利、菲律宾和葡萄牙等28个国家，这些国家的蓝色经济开放水平相对落后，发展空间广阔。不难发现，第Ⅰ和第Ⅱ梯次国家多属于亚洲和欧洲国家，而美洲和非洲国家则多集中在第Ⅲ梯次。

第五章 全球蓝色经济指数评估分析

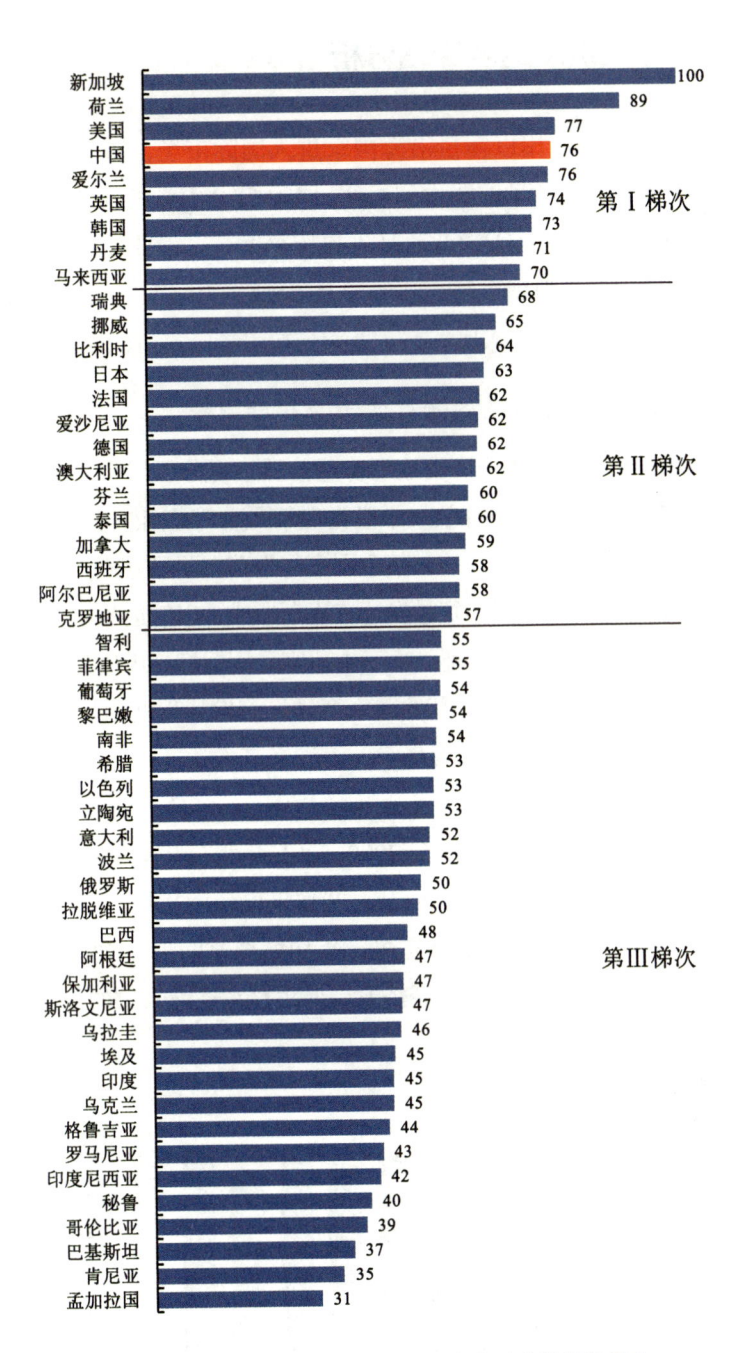

国家	得分	梯次
新加坡	100	第Ⅰ梯次
荷兰	89	
美国	77	
中国	76	
爱尔兰	76	
英国	74	
韩国	73	
丹麦	71	
马来西亚	70	
瑞典	68	第Ⅱ梯次
挪威	65	
比利时	64	
日本	63	
法国	62	
爱沙尼亚	62	
德国	62	
澳大利亚	62	
芬兰	60	
泰国	60	
加拿大	59	
西班牙	58	
阿尔巴尼亚	58	
克罗地亚	57	
智利	55	第Ⅲ梯次
菲律宾	55	
葡萄牙	54	
黎巴嫩	54	
南非	54	
希腊	53	
以色列	53	
立陶宛	53	
意大利	52	
波兰	52	
俄罗斯	50	
拉脱维亚	50	
巴西	48	
阿根廷	47	
保加利亚	47	
斯洛文尼亚	47	
乌拉圭	46	
埃及	45	
印度	45	
乌克兰	45	
格鲁吉亚	44	
罗马尼亚	43	
印度尼西亚	42	
秘鲁	40	
哥伦比亚	39	
巴基斯坦	37	
肯尼亚	35	
孟加拉国	31	

图5-3 2004—2015年样本国家蓝色经济指数平均得分

二、海洋经济发达度评估分析

海洋经济发达度，用以衡量沿海国家进入国际市场，参与国际生产、分配、交换和消费等经济活动的能力和程度。本研究从海洋贸易和资本流通两个方面选取了如下7个指标：①渔业商品进口依存度；②渔业商品出口依存度；③船舶及浮动结构体进口依存度；④船舶及浮动结构体出口依存度；⑤服务贸易依存度；⑥直接外资净流入比率；⑦上市公司市场资本占GDP的比重。

（一）沿海各国海洋经济开放实力分化明显

从全球范围来看，海洋经济发达度普遍偏低，得分区间为（20，40），由此可见，沿海各国的海洋经济开放水平极化现象严重（见图5-4）。分析测算结果发现，新加坡海洋经济高度发达，其余国家与之存在明显差距。新加坡作为全球重要的港口和交通枢纽，海洋贸易发达，逐渐形成了以航运为主，临海工业为辅的特色海洋经济体系，发展迅速。由于本研究采用标杆分析法测算各级指标得分，相比于高度发达的新加坡，其他国家海洋经济发达程度明显落后，由此导致全球平均得分较低。从时间尺度来看，海洋经济发达度得分的变化过程可分为以下3个阶段：①2004—2008年得分大幅上升，2008年达到最大值36分，与2004年相比，增长幅度为56.52%；②2009—2012年得分相对稳定，但与2008年相比略有下降；③2013年之后再次回升，2015年得分为36分。总体而言，全球海洋经济发达度总体处于波动上升态势，年均增长速度为4.37%，增长幅度为48.97%，这也反映出沿海各国海洋经济发展差距存在逐渐收敛的趋势。

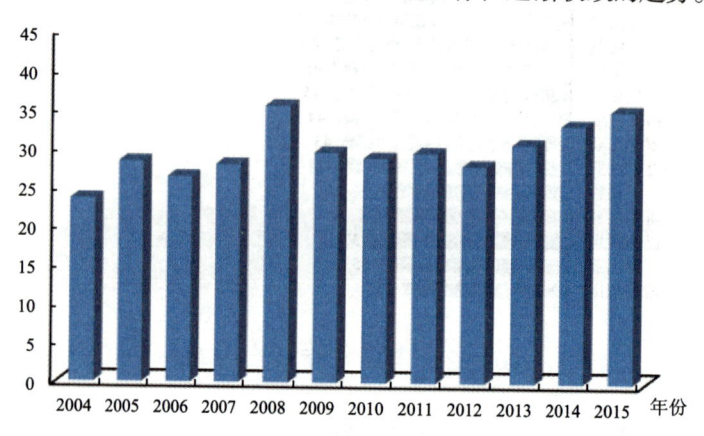

图5-4 2004—2015年全球海洋经济发达度变化趋势

（二）各项分指标贡献不尽相同

从海洋经济发达度的两项二级指标的变化趋势来看（见表5-2和图5-5），海洋贸易开放指数和资本流通开放指数表现出截然不同的发展态势。海洋贸易方面，海洋贸易开放指数总体呈现上升趋势，2010年得分达到最高值35分，之后略有下降，2004—2015年年均增长速度为3.77%，增长幅度为45.69%，海洋贸易活动频繁，开放程度不断提高。资本流通方面，2004—2015年资本流通开放指数总体处于波动下降状态，2013年和2014年得分出现最低值21分，2015年该项指标得分为24分，与2004年持平。总体来看，资本流通开放指数对海洋经济发达度的提升产生了一定的负向作用。

表5-2 2004—2015年海洋经济发达度和二级指标平均得分

年份	一级指标	二级指标	
	海洋经济发达度	海洋贸易开放指数	资本流通开放指数
2004	23	23	24
2005	28	23	33
2006	26	25	27
2007	28	27	27
2008	36	31	34
2009	30	31	28
2010	29	35	22
2011	29	31	24
2012	28	33	22
2013	31	32	21
2014	33	31	21
2015	35	33	24
平均值	30	30	26

图5-5　2004—2015年海洋经济发达度和二级指标得分变化趋势

三、海洋社会通达度评估分析

海洋社会通达度，反映了为蓝色经济开放提供基础和保障的社会环境的开放程度。本研究从海上交通、人员往来和通信开放3个方面选取了如下6个指标：①班轮运输相关指数；②集装箱吞吐量；③国际旅游收入占总出口的比重；④国际旅游支出占总进口的比重；⑤互联网用户数；⑥移动蜂窝式无线通讯系统电话租用数。

（一）海洋社会通达度得分较高且稳定性强

相较于海洋经济发达度，海洋社会通达度历年得分普遍较高（见图5-6）。总体来看，海洋社会通达度得分经历了先上升后趋于稳定的变化过程，其中2004—2008年指标得分由55分上升至66分，相对增长20.00%，表明沿海各国在海洋社会领域开放程度的差距逐渐缩小；2009—2015年得分保持高位水平，多数年份该指标得分均为66分，2015年达到最高值67分，表明全球范围内蓝色经济开放的社会环境优良。从增长幅度来看，海洋社会通达度得分由2004年的55分上升至2015年的67分，年均增长速度为1.79%，增长幅度为21.15%。根据柱状图走势可以推断，在未来一段时间内，海洋社会通达度得分上升幅度较小，预计将会稳定在70分左右。

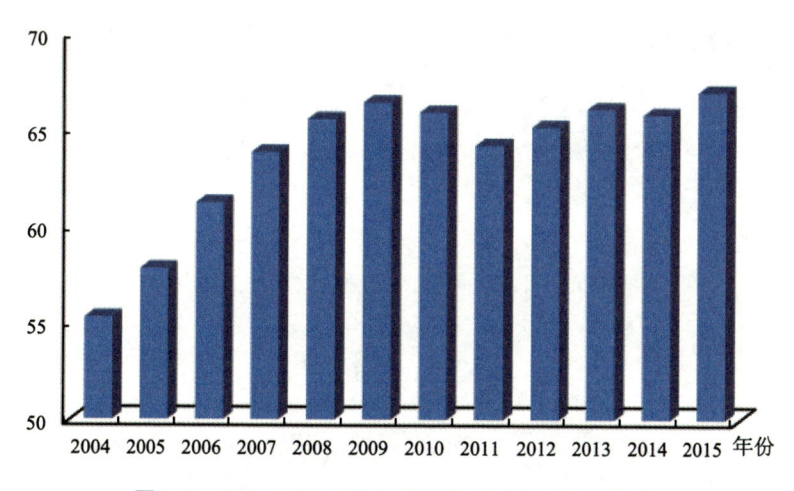

图5-6　2004—2015年全球海洋社会通达度变化趋势

（二）优势指标与劣势指标并存

海洋社会通达度的3项二级指标中，一直保持上升趋势的是通信开放指数，其得分由2004年的48分上升至2015年的78分，年均增长速度为4.60%，增长幅度高达62.46%，是拉动海洋社会通达度得分上升的主要力量。相比之下，海洋交通开放指数和人员往来开放指数则为劣势指标，后者得分总体略高于前者。两项指标得分不仅呈现出逐年下降趋势，而且最大值均未超过25分。具体来看，海洋交通开放指数的年均下降速度为1.01%，下降幅度为11.23%；人员往来开放指数的年均下降速度为0.28%，下降幅度为4.44%（见表5-3和图5-7）。

表5-3　2004—2015年海洋社会通达度和二级指标得分

年份	一级指标	二级指标		
	海洋社会通达度	海上交通开放指数	人员往来开放指数	通信开放指数
2004	55	19	24	48
2005	58	19	23	53
2006	61	18	22	57
2007	64	17	21	62

续表5-3

年份	一级指标	二级指标		
	海洋社会通达度	海上交通开放指数	人员往来开放指数	通信开放指数
2008	66	16	20	64
2009	66	17	20	65
2010	66	16	21	65
2011	64	16	21	66
2012	65	16	23	67
2013	66	16	22	77
2014	66	16	21	76
2015	67	17	23	78
平均值	64	17	22	65

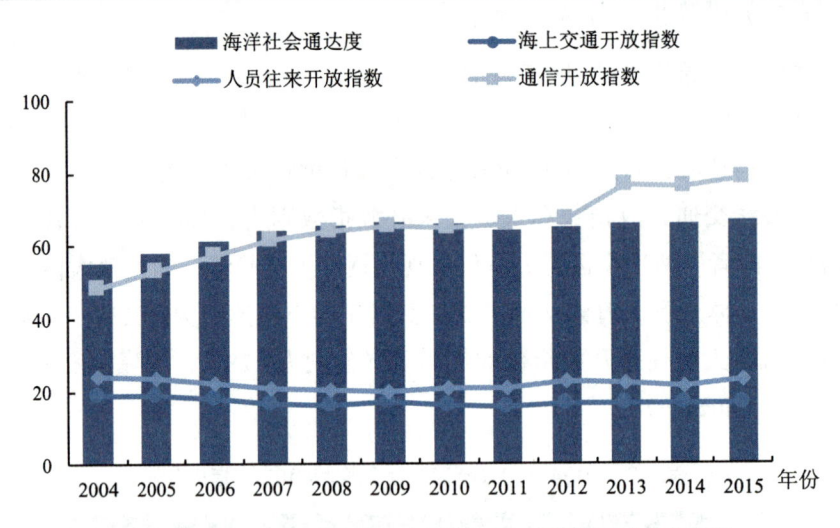

图5-7 2004—2015年海洋社会通达度和二级指标得分变化趋势

四、海洋政治开放度评估分析

海洋政治环境开放度，衡量一国对蓝色经济开放发展的政策支持程度，是蓝色经济开放的基础。本研究从国家政策和国家安全两个方面选取海关手续负担值、国际事务参与程度和武器进口依存度3个指标。其中，国际事务参与程度能够体现一个国家在国际社会中的地位和作用，本研究选取"是否为世界贸易组织成员国"、"是否为联合国安全理事会成员国"、"是否为国际刑事警察组织成员国"、"是否为联合国海洋法公约缔约国"、"是否为国际海事组织成员国"。

总体来看，2004—2015年全球海洋政治开放度处于高位水平，且稳定性极强，除2012年和2013年得分略低外，其余年份均保持在80分左右，蓝色经济开放的政治环境良好，政治基础坚实。在国家政策方面，国家政策开放指数得分稳定在65分左右，年均增长速度为0.27%，增长幅度为2.56%；在国家安全方面，2004—2015年国家安全开放指数稳定性更强，并且得分明显高于国家政策开放指数（见表5-4和图5-8）。由于海洋政治开放度重点考量国家参与国际事务的程度，即国际组织的参与情况，因此海洋政治开放度和两项二级指标得分稳定。相对稳定的国际和国内政治环境是实现蓝色经济快速发展的前提和基础。

表5-4 2004—2015年全球海洋政治开放度和二级指标得分

年份	一级指标	二级指标	
	海洋政治开放度	国家政策开放指数	国家安全开放指数
2004	79	63	77
2005	80	66	76
2006	80	65	76
2007	80	64	76
2008	81	66	77
2009	79	63	77
2010	80	65	76
2011	81	68	76
2012	75	67	76
2013	74	66	77
2014	80	66	77
2015	80	65	77
平均值	79	65	77

图5-8　2004—2015年海洋政治开放度和二级指标得分变化趋势

五、海洋科技合作度评估分析

海洋科技合作度，用以反映一国参与海洋领域国际科学研究和科技共同研发等活动的能力和水平。本研究从科技产品、科技资金和科技成果3个方面选取了如下9个指标：①高科技产品出口率；②信息和通信技术（ICT）产品进口率；③信息和通信技术（ICT）产品出口率；④信息和通信技术（ICT）服务出口率；⑤接收知识产权使用费占GDP的比重；⑥支付知识产权使用费占GDP的比重；⑦使用安全互联网服务器的数量；⑧非本地居民商标申请数量；⑨非本地居民专利申请数量。

总体来看，全球海洋科技合作度稳定在低位水平，2004—2015年该项指标得分在30分左右波动。从时间尺度来看，海洋科技合作度得分由2004年的32分下降至2015年的31分，下降幅度约为3.17%，表明沿海各国海洋科技开放水平的差距有所扩大。从二级指标得分来看，科技产品开放指数、科技资金开放指数和科技成果开放指数得分均普遍较低，并且变化幅度较小，可见各沿海国家在科技产品、科技资金和科技成果领域的开放程度仍存在较大差距，着重提高海洋科技开放水平，将是未来实现蓝色经济发展的有效手段（见表5-5和图5-9）。

表5-5　2004—2015年全球海洋科技合作度和二级指标得分

年份	一级指标	二级指标		
	海洋科技合作度	科技产品开放指数	科技资金开放指数	科技成果开放指数
2004	32	33	10	15
2005	30	26	10	15
2006	31	27	10	15
2007	28	27	10	16
2008	28	27	10	17
2009	33	27	11	14
2010	28	29	10	17
2011	30	36	8	18
2012	29	30	8	18
2013	30	31	8	18
2014	29	31	8	18
2015	31	33	7	16
平均值	30	30	9	16

图5-9　2004—2015年海洋科技合作度和二级指标平均得分变化趋势

第六章　从洲际视角看全球蓝色经济发展

全球各洲因地理位置不同、海陆资源禀赋差异，造成世界蓝色经济开放水平呈现明显的空间差异，深刻影响着全球蓝色经济发展格局。本章从洲际视角，对各洲蓝色经济指数以及4项一级指标得分进行分析，为全面掌握全球区域蓝色经济开放发展现状提供数据基础和决策依据[①]。

各洲蓝色经济开放水平差距明显。其中，北美洲蓝色经济指数得分最高，大洋洲、欧洲和亚洲得分相差不大，而南美洲和非洲则相对落后。总体来看，北美洲、大洋洲、欧洲和亚洲蓝色经济开放程度处于全球中上游水平；南美洲和非洲则处于全球平均水平以下。此外，各洲在不同海洋领域的开放水平也存在显著差异。

北美洲蓝色经济指数稳定性较强，2004—2015年年均增长速度为0.80%，增长幅度为8.74%。海洋政治开放度得分稳定在80分左右；海洋社会通达度处于下降趋势，下降幅度为16.67%；海洋科技合作度得分同样有所下降，2004—2015年下降幅度为11.27%；海洋经济发达度处于低位上升趋势，增长幅度为59.09%。

大洋洲蓝色经济指数处于上升态势，年均增长速度为0.94%，增长幅度为9.59%。海洋社会通达度和海洋政治开放度得分均保持在75分以上，前者稳定性更强。相比之下，海洋经济发达度和海洋科技合作度得分偏低，其中海洋科技合作度得分在30～40分内波动，并且总体表现出下降趋势；海洋经济发达度得分最低且波动幅度较大，2015年达到最高值27分。

欧洲蓝色经济指数的年均增长速度为1.97%，增长幅度为23.24%，2010年之后得分保持在60分左右。其中，海洋政治开放度得分稳居四项一级指标首位，多数年份均保持在80分以上；海洋社会通达度得分次之，近年来稳定在70分左右；但海洋经济发达度和海洋科技合作度均处于低位水平，二者得分在30分左右波动，呈现交替增长局面，2015年两项指标得分分别为38分和

---

① 由于参考资料有限，本章对各大洲的分析略有侧重。

30分，提升空间广阔。

亚洲蓝色经济指数得分呈现出稳中有升的发展态势，年均增长速度为1.69%，增长幅度为20.10%。海洋政治开放度得分明显高于其余3项，长期保持在75分以上；海洋社会通达度得分次之，并且一直处于上升态势；海洋科技合作度得分处于下降状态，2011—2015年基本稳定在35分左右；近年来亚洲海洋经济发达度得分保持在30分以上，2004—2015年增长幅度为40.74%，海洋经济发展态势良好。

南美洲蓝色经济指数处于稳步上升趋势，2004—2015年年均增长速度为2.64%，增长幅度为32.59%，蓝色经济开放水平提升明显。海洋经济发达度和海洋科技合作度稳定性较强，前者得分略高于后者；海洋社会通达度得分表现出明显的上升趋势，增长幅度为68.57%；除2012年和2013年外，海洋政治开放度得分均保持在70分以上。

非洲蓝色经济指数得分总体处于上升状态，年均增长速度为3.00%，增长幅度为35.71%。其中，海洋政治开放度得分最高，在75分左右波动；海洋社会通达度得分次之，并且表现出明显的上升态势，2004—2015年增长幅度为54.55%；海洋经济发达度得分偏低且波动幅度明显，2012年以来得分略有上升；海洋科技合作度历年得分均不足20分，同时表现出逐年下降的变化趋势，科技开放水平落后严重制约了非洲蓝色经济的发展。

一、洲际蓝色经济开放水平对比分析

（一）各洲蓝色经济开放水平差距明显

整体来看，北美洲蓝色经济指数平均得分为68分，居五大洲之首，美国和加拿大均为发达国家，经济基础雄厚，开放程度高；大洋洲蓝色经济指数平均得分为62分，仅次于北美洲，由于纳入测算的国家只有澳大利亚，为第Ⅱ梯次国家，而其他各洲各国蓝色经济开放水平差距明显，致使大洋洲蓝色经济指数得分略高于其余各洲；欧洲和亚洲的蓝色经济指数得分相差不大，平均值分别为59分和57分，欧洲和亚洲拥有良好的地理区位优势，但因幅员辽阔、国家众多，蓝色经济开放水平参差不齐，使得欧洲和亚洲整体得分略

低于大洋洲；南美洲和非洲开放程度相当，蓝色经济指数得分为46分和45分。尽管南美洲和非洲均四面环海，拥有丰富的海洋资源，但因整体发展水平落后使得蓝色经济仍处于起步阶段。总体来看，北美洲、大洋洲、欧洲和亚洲蓝色经济指数得分均高于全球平均水平，而南美洲和非洲蓝色经济发展则相对落后（见图6-1）。由此也可以看出，蓝色经济开放水平与国家经济实力存在一定相关性，经济发达的地区经济基础雄厚，国家本身开放程度高，在社会基础设施建设、国家政策环境等方面均有良好的保障，科研实力也较为突出，具备蓝色经济开放发展的优良条件。

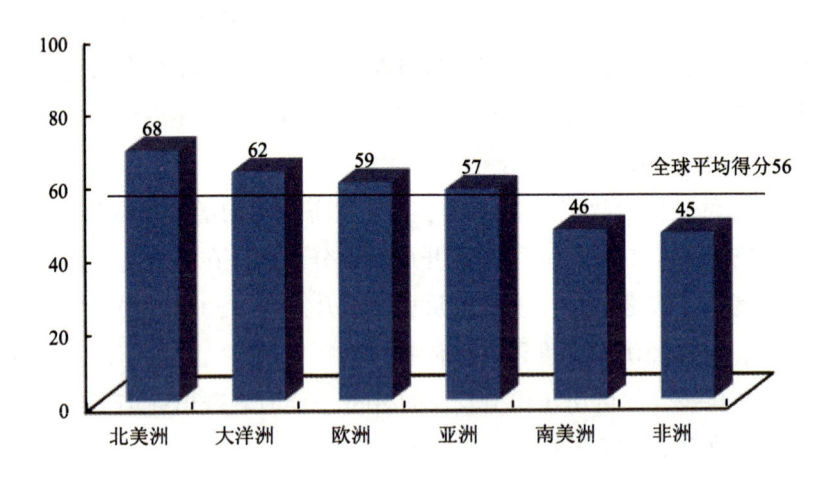

图6-1 全球各洲蓝色经济指数平均得分

以2015年为例，北美洲蓝色经济指数得分为72分，稳居各洲之首；大洋洲、欧洲和亚洲蓝色经济指数相差不大，其中，大洋洲和欧洲得分均为64分，亚洲得分略低为63分；尽管南美洲蓝色经济指数平均值略高于非洲，但2015年非洲蓝色经济指数得分实现反超。从增长幅度来看，2004—2015年期间，全球蓝色经济指数增长幅度为24.00%，非洲和南美洲的增长幅度均在全球平均水平之上，其中非洲增长幅度高达36.84%，蓝色经济开放发展成效显著；欧洲、亚洲的增长幅度略低于全球平均水平；大洋洲和北美洲的增长幅度仅在10%左右（见表6-1）。

表6-1 2004年和2015年全球和各洲蓝色经济指数得分及增长幅度

洲际	2004年	2015年	增长幅度（%）
北美洲	66	72	8.74
大洋洲	58	64	10.34
欧洲	52	64	23.08
亚洲	52	63	21.15
南美洲	38	51	32.59
非洲	38	52	36.84
全球	50	62	24.00

（二）海洋经济发达度亟待提高

总体来看，六大洲海洋经济发达度均处于低位水平（见图6-2）。其中，亚洲海洋经济发达度得分最高，得益于东南亚国家海洋经济开放程度较高，主要是新加坡、马来西亚、菲律宾、泰国和印度尼西亚等国家。但由于亚洲国家众多，发展差距大，海洋经济发达度平均值仅为33分；欧洲该项指标得分和亚洲相差不大，平均值为32分；北美洲、大洋洲、非洲和南美洲海洋经济发达程度则相对落后，平均值分别为26分、25分、24分和22分。由于亚洲和欧洲港口众多，对外开放程度高，海洋渔业和海洋交通运输业发达，贸易活动频繁，使得亚洲和欧洲海洋经济开放水平高于其他4个大洲。对比来看，亚洲和欧洲海洋经济发达度高于全球平均水平，海洋经济实力雄厚；而北美洲、大洋洲、非洲和南美洲得分略低于全球平均水平，海洋经济开放程度有待进一步提高。

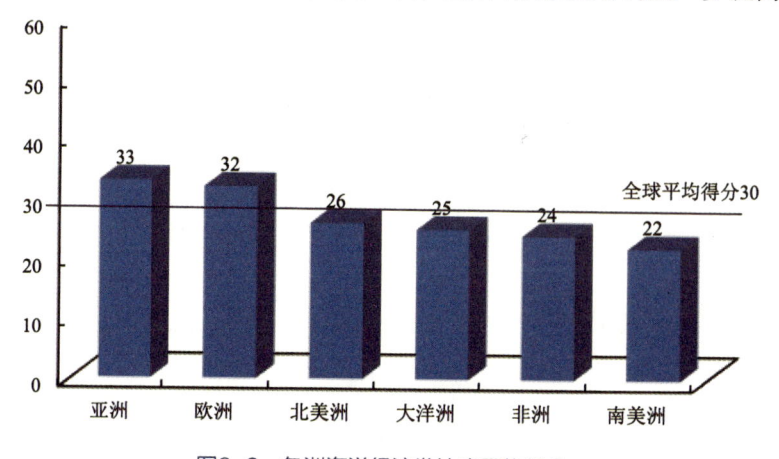

图6-2 各洲海洋经济发达度平均得分

从二级指标来看，亚洲和欧洲海洋贸易开放指数得分较高，而资本流通开放指数得分较低，由于北欧、东亚和东南亚国家地缘优势显著，致使其海运贸易相对发达；北美洲、大洋洲、非洲和南美洲则是资本流通开放指数得分高于海洋贸易开放指数（见图6-3）。

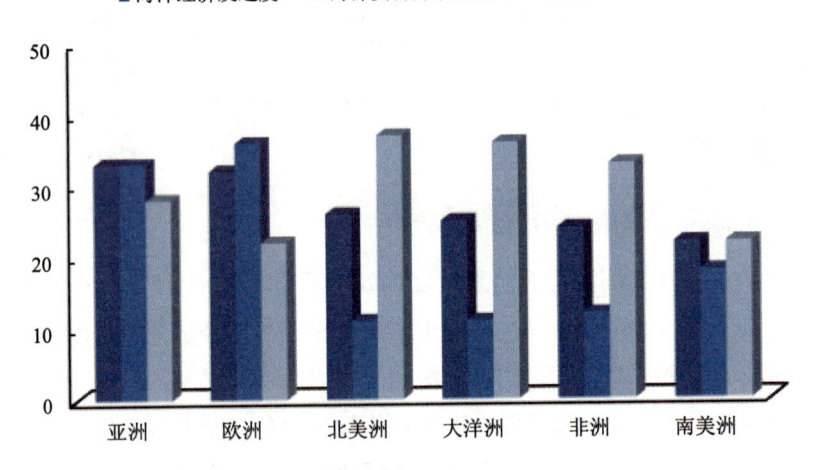

图6-3　各洲海洋经济发达度二级指标平均得分

（三）海洋社会通达度存在极化现象

各洲海洋社会通达程度表现出一定的极化现象（见图6-4）。大洋洲海洋社会通达度平均得分为78分，居六大洲首位，海洋社会保障基础坚实；北美洲得分略低于大洋洲，2004—2015年间平均值为76分；欧洲海洋社会通达度排名第三，平均得分为69分，高于全球平均水平；亚洲海洋社会通达度得分为58分，因纳入测算的亚洲国家整体发展水平各异，造成各国在海上交通、人员往来和通信开放等方面差距明显，从而导致该指标得分略低于全球平均水平；南美洲和非洲海洋社会通达程度处于全球下游水平，该项指数得分分别为53分和46分，蓝色经济开放的社会环境亟待优化。

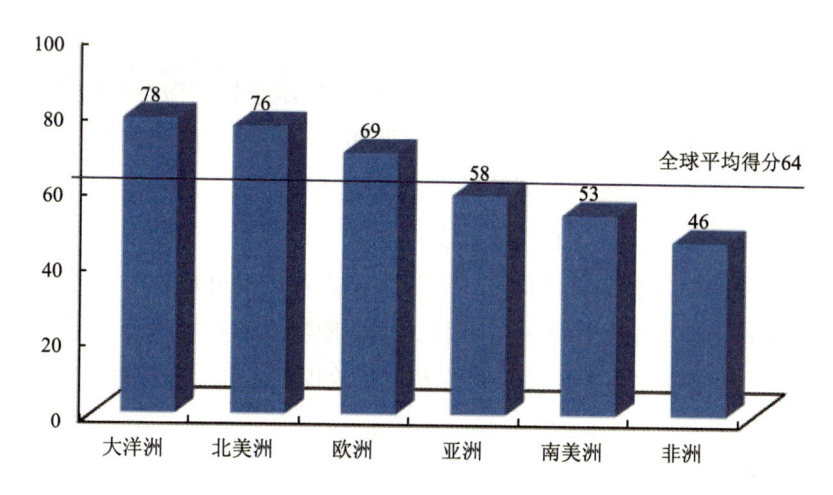

第六章　从洲际视角看全球蓝色经济发展

图6-4　各洲海洋社会通达度平均得分

二级指标方面，六大洲普遍存在通信开放指数得分远高于海上交通开放指数和人员往来开放指数的现象，同时还可以发现，通信开放指数与各洲经济发展水平存在一定的正相关性。亚洲海洋交通开放指数得分最高，主要得益于中国、新加坡和韩国等国家发达的港口运输业。大洋洲人员往来开放指数得分最高，主要得益于澳大利亚开放的移民政策以及发达的旅游业（见图6-5）。

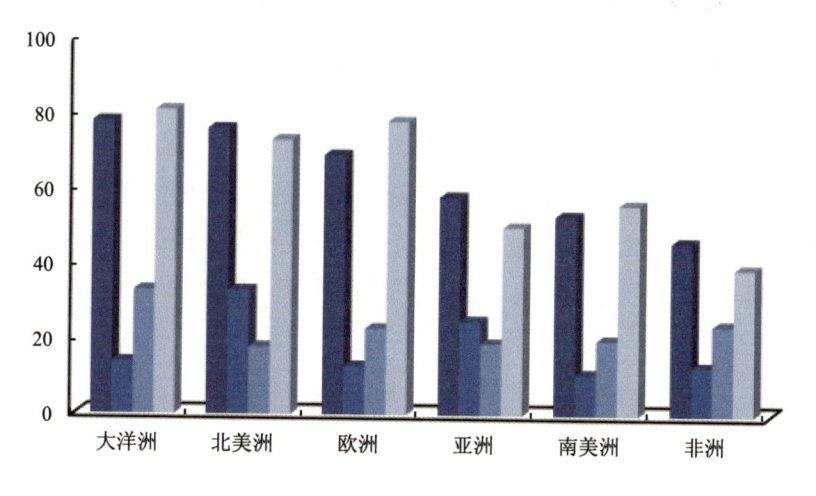

图6-5　各洲海洋社会通达度二级指标平均得分

51

（四）海洋政治开放度相对均衡

相较于前两项指数而言，各洲海洋政治开放水平相对均衡（见图6-6）。总体来看，大洋洲、北美洲、欧洲、亚洲和非洲海洋政治开放度得分均在全球平均水平之上，蓝色经济开放的政治基础坚实。其中，大洋洲海洋政治开放度得分为82分，居各洲首位；北美洲和欧洲得分均为80分；亚洲和非洲该项指标得分均为79分。整体而言，五个大洲海洋政治开放水平相差不大，开放程度均处于全球中上游水平。相比之下，南美洲该指标得分最低，平均值仅为74分，低于全球平均水平，海洋政治开放程度需进一步提升。

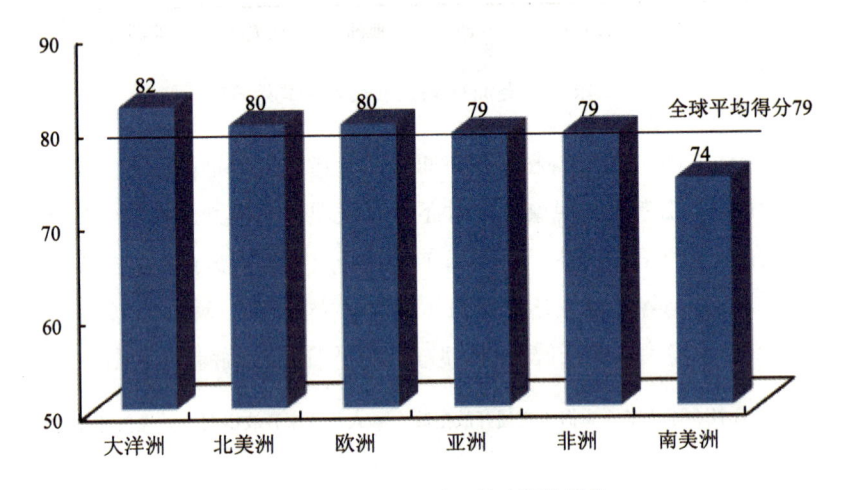

图6-6 各洲海洋政治开放度平均得分

具体来看，各大洲的国家政策开放指数和国家安全开放指数水平相当（见图6-7）。在国家政策方面，北美洲具有明显的开放优势；在国家安全方面，非洲国家安全开放指数得分最高，而北美洲得分最低，由于本研究将"武器进口依存度"设置为正向指标来体现国家安全开放程度，导致这种现象的出现。

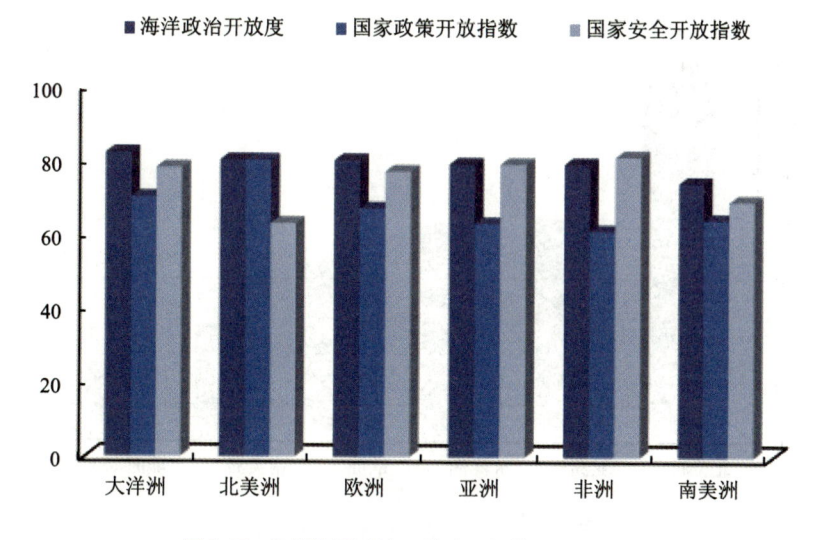

图6-7　各洲海洋政治开放度二级指标平均得分

（五）海洋科技合作度梯度差异显著

全球各洲海洋科技合作度呈现出明显的梯度差异，具体表现为北美洲海洋科技开放水平领跑全球，亚洲和大洋洲处于世界中上游水平，欧洲处于中下游水平，而南美洲和非洲则处于下游水平（见图6-8）。其中，北美洲海洋科技合作度得分为64分，远高于其余五大洲，美国和加拿大雄厚的科研实力，使其海洋科技创新水平也处于全球领先地位。亚洲海洋科技合作度得分次之，中国、日本、新加坡和韩国等均为海洋科技强国，对亚洲海洋科技开放有着正向作用，但由于亚洲国家众多，并且以发展中国家为主，科技开放水平整体相对落后，因此该指标得分仅为北美洲的60%左右；大洋洲海洋科技合作度得分为36分，略低于亚洲，海洋科技开放程度处于全球中上游水平；欧洲、南美洲和非洲得分均低于全球平均值，其中，欧洲该项指标得分为29分，与亚洲类似，欧洲各国科研水平差距悬殊，部分科技实力薄弱国家使其海洋科技合作度得分偏低；南美洲和非洲海洋科技开放水平明显落后，海洋科技合作度得分分别为17分和10分，海洋科研实力严重制约着两大洲的蓝色经济发展。

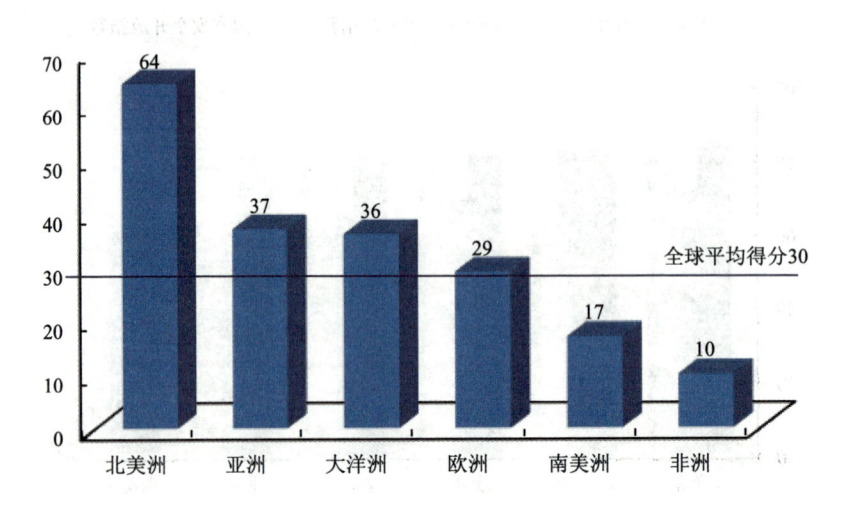

图6-8 各洲海洋科技合作度平均得分

从二级指标来看，亚洲科技产品开放指数得分最高，欧洲科技资金开放表现突出，北美洲则在科技成果开放领域具有绝对优势。相比之下，南美洲和非洲3项指数得分均处于低位水平（见图6-9）。

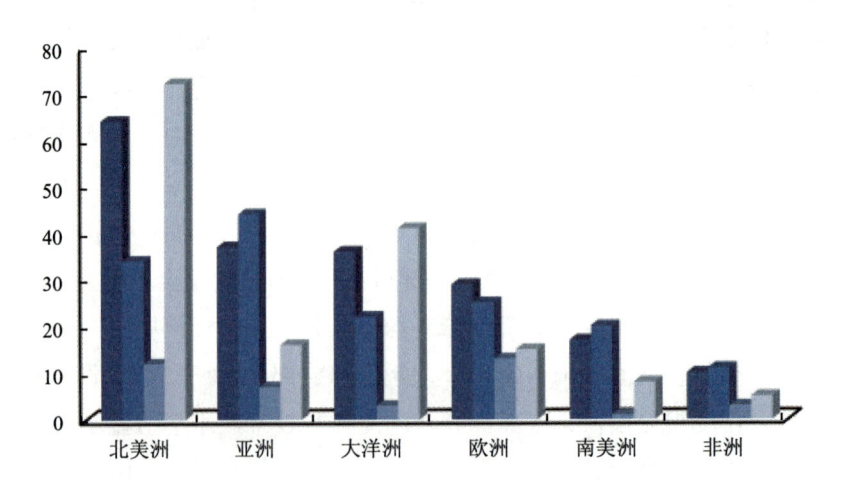

图6-9 各洲海洋科技合作度二级指标平均得分

二、北美洲蓝色经济指数评估分析

北美洲位于西半球北部，东濒大西洋，西临太平洋，北接北冰洋，南以巴拿马运河为界与南美洲相分，大陆海岸线长约6万千米，多岛屿和半岛，其中岛屿总面积约为400万平方千米，居各大洲之首。

北美洲海陆区位条件优越，蓝色经济开放优势明显。总体来看，北美洲蓝色经济指数得分大致经历了先上升、后下降再次回升的"N"形变化过程，2014年和2015年指数得分达到最高值72分，相比于2004年的66分，年均增长速度为0.80%，增长幅度为8.74%，蓝色经济开放的稳定性较强（见图6-10）。

图6-10　2004—2015年北美洲蓝色经济指数平均得分

从具体领域来看，除海洋经济发达度外，其余3项指数得分均处于高位水平（见图6-11）。2004—2009年期间，海洋政治开放度和海洋科技合作度水平相当，得分基本保持在80分左右。但在2010年之后，两项指标呈现出不同的变化趋势，除2012年和2013年外，其余年份海洋政治开放度得分均保持原有高位水平；而海洋社会通达度处于下降趋势，2015年得分为65分，相比于2004年，下降幅度为16.67%。海洋科技合作度总体处于下降态势，2015年得分为63分，与2014年相比，略有回升，但相比于2004年，下降幅度为

11.27%。相比之下，海洋经济发达度得分处于低位状态，2012—2015年表现出明显上升趋势，2004—2015年增长幅度为59.09%。

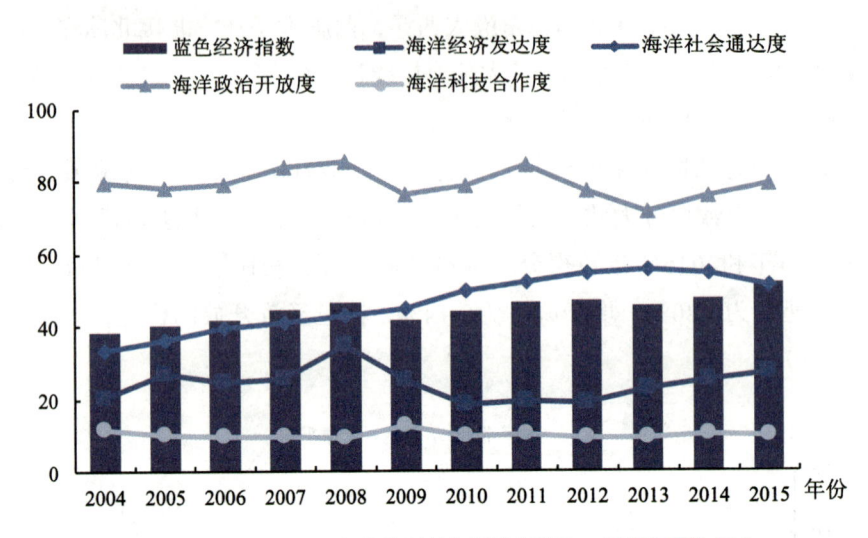

图6-11　2004—2015年北美洲蓝色经济指数和一级指标平均得分

（一）美国蓝色经济指数评估分析

美国是世界上最重要的海洋国家之一，海洋国土面积广阔，专属经济区面积达1135万平方千米，海岸线全长22 680千米，分别居于世界第1位和第4位。海洋在美国经济、社会发展中发挥着重要作用，其进出口货物的80%通过沿海港口运输，全国80%以上的经济活动由沿海州支撑，全国人口和GDP的50%以上都位于沿海县[①]，2011年和2012年美国海洋经济占全国经济（增加值）的比重分别为1.84%和1.90%[②]。

总体来看，美国蓝色经济指数平均得分排名全球第3位，在时间尺度方面，其蓝色经济指数得分经历了先上升、后下降再次回升的"N"形变化趋势。美国重视发展蓝色经济，作为世界第一大国，其蓝色经济实力同样不容小觑。据资料显示，2010年美国海洋经济为全社会提供了277万个就业岗位，为国民经济贡献了2576亿美元的增加值，约占同年GDP的1.8%。以2005年为

[①] 韩立民，李大海.美国海洋经济概况及发展趋势——兼析金融危机对美国海洋经济的影响[J].经济研究参考，2013,(51):59-64.
[②] 张耀光.海洋GDP中国超过美国的实证分析[J/OL].地理科学，2016,36(11):1614-1621.

基期，2010年，实际增加值较2005年增长了18.9%，年均增长速度约为3.5%。在海洋政策方面，2010年7月，前美国总统奥巴马签署第13547号执行命令，建立海洋、海岸和五大湖管理的国家政策，以推动国家海洋资源管理[①]。2013年4月16日，美国国家海洋政策委员会正式发布《国家海洋政策执行计划》[②]。值得注意的是，2008—2011年处于蓝色经济指数得分的下降阶段，可以看出，2007年开始的金融危机对于美国海洋经济的影响是巨大的，美国国内也由此将这次经济危机称为"大衰退"。

从具体领域来看，美国在海洋社会、海洋政治和海洋科技3个领域的开放程度均处于全球上游水平。滨海旅游业是美国海洋经济中最大的产业，其增加值占海洋经济增加值的34.6%。以2010年为例，滨海旅游业增加值为892亿美元，提供了193.2万个就业岗位，不论是从经济规模还是就业来看，都是美国第一大海洋产业。海洋交通运输业在美国海洋经济中同样有着重要地位，2010年海洋交通运输业增加值为587亿美元，实现就业44.4万人，分列主要海洋产业的第3、第2位。此外，美国拥有洛杉矶港、长滩港、纽约港等著名港口，也为海洋社会开放创造了有利条件[③]。在海洋科技方面，美国海洋研究的规模和影响力在全球首屈一指。进入21世纪以来，随着计算模拟、观测、机器人等技术的成熟和发展，大大提高了美国在海洋物理、海洋生物、海洋化学和海洋地质等领域的研究水平。近年来，美国先后发布《海洋国家的科学：海洋研究优先计划》和《海洋科学2015—2025发展调查》，以推动美国海洋科技和产业发展[④]。

在美国海洋经济体系中，海洋生物资源业和海洋建筑业规模最小，两者合计占海洋经济的比重仍不足5%。另外，由于海洋经济发达度侧重衡量初级产品贸易情况，因此，美国该项指数得分明显低于其余3项指数。但不难发现，2012—2015年海洋经济发达度得分略有上升，部分是因为受资源衰退的

[①] Joint Ocean Commission Initiative. America's Ocean Future. Joint Ocean Commission Initiative Publication [EB/OL]. http://www.jointoceancommission.org/resource-center/1-Reports/201-06-07_JOCI_Americas_Ocean_Future.pdf.
[②] 赵锐. 美国海洋经济研究[J]. 海洋经济, 2014, 4(02):53-62.
[③] 韩立民,李大海. 美国海洋经济概况及发展趋势——兼析金融危机对美国海洋经济的影响[J]. 经济研究参考, 2013, (51):59-64.
[④] 仲平, 钱洪宝, 向长生. 美国海洋科技政策与海洋高技术产业发展现状[J]. 全球科技经济瞭望, 2017, 32(03):14-20+76.

影响水产品进口需求量不断增加。此外，军舰等大型船舶需求量增加，促使了美国造船业相对景气时期的到来。

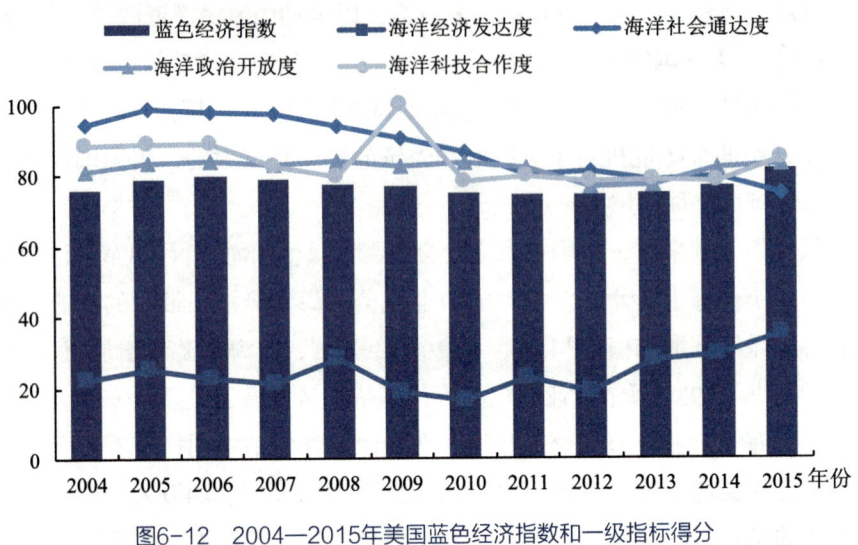

图6-12　2004—2015年美国蓝色经济指数和一级指标得分

（二）加拿大蓝色经济指数评估分析

加拿大东临大西洋，西濒太平洋，国土面积达997万平方千米。加拿大是世界上海岸线最长的国家，超过24万千米（包括岛屿岸线），拥有专属经济区面积370万平方千米，其管辖海域占其陆地面积的37%。加拿大政府十分重视海洋的开发与管理，并且由于加拿大处于后工业发展时期，在开发海洋的同时，也更加注重海洋环境保护[①]。从测算结果来看，加拿大蓝色经济指数得分稳定性较强，2004—2015年增长幅度为9.21%。

相比于其他海洋大国，加拿大蓝色经济发展规模不是很大，但可持续发展水平较高，这也正是加拿大蓝色经济指数和4项一级指标得分相对稳定的重要原因。加拿大拥有丰富的渔业、航运和旅游等海洋资源，海洋交通运输业、滨海旅游业等也因此成为其海洋经济的支柱性产业，为加拿大海洋经济和海洋社会领域开放创造了宝贵的条件。

在海洋政治领域，加拿大目前是世界贸易组织、国际刑事警察组织、国际海事组织、二十国集团、北大西洋公约组织等国际组织成员国，也是联合

---

① 宋维玲，郭越．加拿大海洋经济发展情况及对我国的启示[J]．海洋经济，2014，4(02):43-52．

国海洋法公约缔约国，国际事务参与程度较高。在海洋科技领域，加拿大积极实施相关海洋行动计划，早在2004年，加拿大政府便已承诺要通过海洋技术的最大化使用和发展来推动海洋行动计划，实现海洋综合管理，这也反映出，可持续发展思想长期贯穿于加拿大各海洋领域的发展之中。此外，相关资料显示，加拿大2001—2008年海洋领域发文量全球排名第3位，加拿大海洋渔业局发文量在全球科研机构中排名第9位[①]。

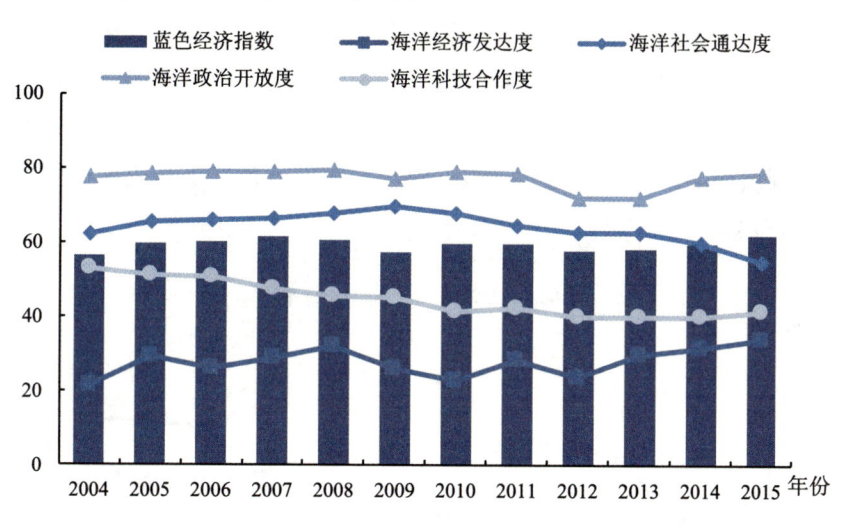

图6-13 2004—2015年加拿大蓝色经济指数和一级指标得分

三、大洋洲蓝色经济指数评估分析

大洋洲位于太平洋西南部和南部的赤道南北广大海域中，西邻印度洋，东临太平洋，海域条件优越。大洋洲共有14个国家[②]，2015年大洋洲GDP总计为15 382.61亿美元，其中澳大利亚GDP占大洋洲的87.05%[③]。基于以上，并综

---

① 高峰,王金平,汤天波.海洋科技国际发展趋势分析[J].中国科学院国家科学图书馆兰州分馆.
② 大洋洲共有14个国家或地区，包括：澳大利亚、瑙鲁、帕劳、巴布亚新几内亚、萨摩亚、斐济、所罗门群岛、基里巴斯、密克罗尼西亚联邦、图瓦卢、新西兰、汤加、马绍尔群岛和瓦努阿图。
③ 2015年大洋洲各国或地区GDP（亿美元）如下：澳大利亚（13390.0）、瑙鲁（1.004）、帕劳（2.874）、巴布亚新几内亚（169.29）、萨摩亚（7.61）、斐济（44.26）、所罗门群岛（11.29）、基里巴斯（1.6）、密克罗尼西亚联邦（3.15）、图瓦卢（0.36）、新西兰（1737.54）、汤加（4.35）、马绍尔群岛（1.87）和瓦努阿图（7.42），其中巴布亚新几内亚GDP为2014年数据。

合考虑指标数据的完整性和可获得性，本研究仅将澳大利亚纳入大洋洲蓝色经济指数的测算体系。

从蓝色经济指数来看，大洋洲蓝色经济指数整体处于上升态势，蓝色经济指数得分由2004年的58分上升至2015年的64分，年均增长速度为0.94%，增长幅度为9.59%。总体来看，大洋洲蓝色经济指数较为稳定，并且一直保持在全球平均水平之上，最高得分为64分，最低得分为57分，蓝色经济开放水平整体较高。澳大利亚是海洋大国，海岸线长达2万余千米，海洋对澳大利亚的经济贡献每年约为440亿美元[1]，海洋产业产值对国民经济贡献率高达8%[2]。但值得注意的是，从差值来看，大洋洲蓝色经济指数得分与全球平均值之间的差距表现出明显的收敛态势，这也反映出大洋洲蓝色经济开放优势略有衰减（见图6-14）。

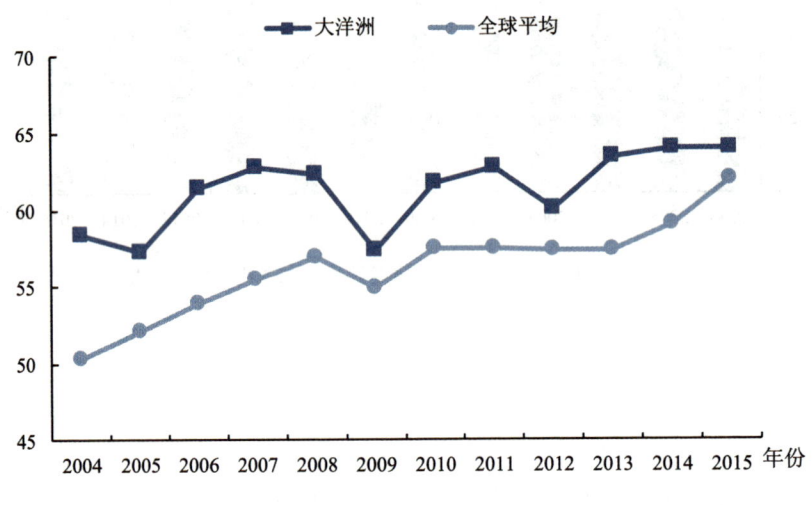

图6-14　2004—2015年大洋洲蓝色经济指数平均得分

从不同领域来看，大洋洲4项一级指标得分差距明显（见图6-15）。其中，海洋社会通达度和海洋政治开放度得分较高，而海洋经济发达度和海洋科技合作度得分仅为上述两项指标的一半左右。具体来看，海洋社会通达度

---

[1] 蔡大浩.澳大利亚蓝色经济发展概况与展望[J].海洋经济,2013,3(04):47-52.
[2] 谢子远,闫国庆.澳大利亚发展海洋经济的经验及我国的战略选择[J].中国软科学,2011,(09):18-29.

大致经历了先上升后下降的变化过程，除2015年该指标得分为71分外，其余年份得分均稳定在75分以上；海洋政治开放度得分长期保持在80分左右，2013年和2014年该指标得分出现大幅上升，主要原因是2013—2014年澳大利亚担任联合国安全理事会成员国，有力推动了海洋政治领域的快速发展；相比之下，海洋经济发达度和海洋科技合作度得分偏低，后者略高于前者。其中，海洋科技合作度得分相对稳定。澳大利亚拥有联邦科学与工业研究组织（CSIRO）、澳大利亚海洋科学研究所（AIMS）等多家海洋研究机构，海洋科技研究起步较早，早在1999年就出台了"澳大利亚海洋科技计划"，2009年政府又出台了"海洋研究与创新战略框架"。海洋经济发达度在4项指标中得分最低，而且波动幅度较大，2012年以来得分略有上升，2015年达到最高值27分。

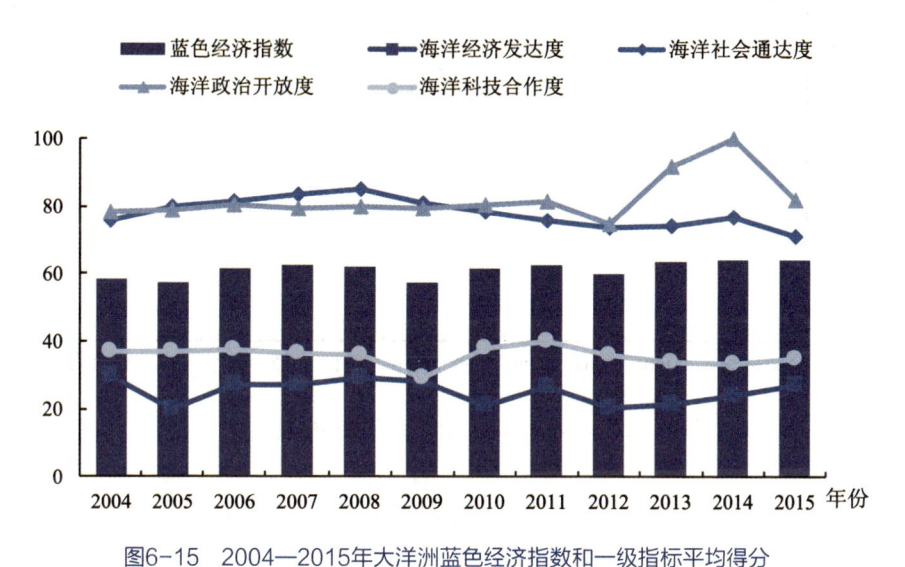

图6-15　2004—2015年大洋洲蓝色经济指数和一级指标平均得分

四、欧洲蓝色经济指数评估分析

欧洲西临大西洋，北靠北冰洋，南邻地中海和直布罗陀海峡，海岸线长约37900千米，是世界海岸线最曲折的一个洲，多半岛、岛屿、港湾和深入大陆的内海，海洋资源丰富，蓝色经济发展的先天条件优越[①]。

---

① 陈树永，林宪生，李新妮. 欧洲海洋开发与利用现状研究及对我国的启示[J]. 海洋开发与管理，2009, 26(03):22-27.

为了应对不断加剧的全球化竞争，2010年3月初，欧洲发布了"欧洲2020战略"，以实现海洋和海岸带的可持续增长。总体来看，欧洲蓝色经济指数得分呈现上升趋势，其得分由2004年的52分上升至2015年的64分，年均增长速度为1.97%，增长幅度为23.24%。2004—2015年期间，欧洲蓝色经济指数得分与全球平均值有着相似的变化趋势，历年得分均高于全球平均水平，而且二者之间差值保持不变，由此反映出欧洲蓝色经济开放的稳定性较强（见图6-16）。

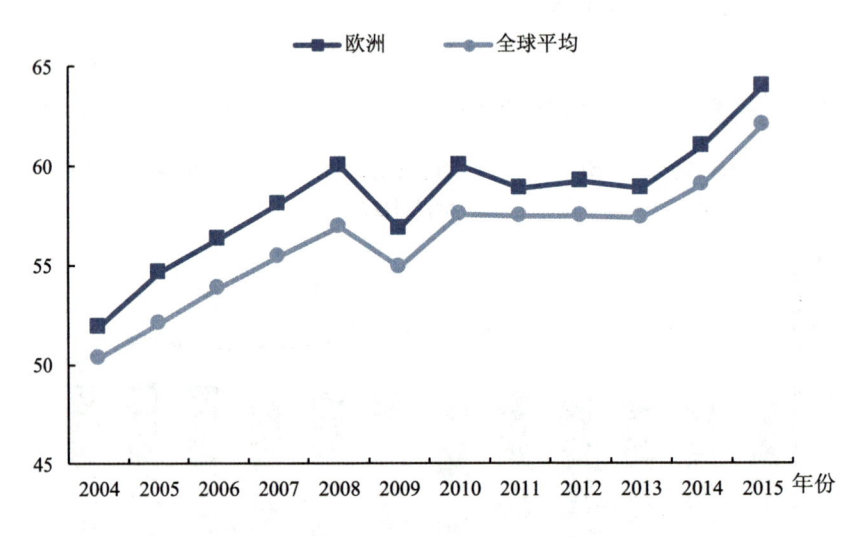

图6-16 2004—2015年欧洲蓝色经济指数平均得分

在海洋经济方面，欧洲海洋经济发达度得分仅次于亚洲，总体表现出上升态势，2004—2015年增长幅度为65.22%。渔业和船舶业是欧洲的优势性产业，拥有悠久的发展历史，海洋经济开放水平高。欧洲沿海渔场面积约占全球沿海渔场总面积的32%，著名渔场有挪威海、北海、巴伦支海、波罗的海和比斯开湾等，均位于欧洲的北部沿海，渔业捕获量约占世界的30%。挪威、西班牙、丹麦、英国等均为欧洲重要的渔业国家。在船舶业方面，优越的自然条件发展了欧洲的现代航运业和造船业，形成了强大的造船工业和船舶配套体系。

在海洋社会方面，欧洲海洋社会通达度得分大致经历了先上升后下降的变化过程，2011年之后得分基本保持在70分左右，2015年得分为63分，与2004年相比，略有下滑。优越的地理区位条件造就了欧洲独特的自然资源和人文环境。除拥有发达的渔业和船舶业外，旅游业也是推动欧洲经济社会发展的传统性产业。欧洲旅游地以海岛、海岸风光、历史遗迹风光为主，兼有滨海沿岸风光和湖泊风光。滨海旅游业在欧洲旅游业中占据重要席位，据统计，滨海旅游游客占全部游客的比重，法国为50%，英国为70%，西班牙高达80%。滨海旅游业促进了欧洲海洋社会环境开放和繁荣发展。

在海洋政治方面，欧洲海洋政治开放度得分长期保持在4项指标之首，除2012年和2013年外，其余年份得分均稳定在80分以上。欧洲海洋安全意识强烈，各国海洋军事力量强大，军备知识竞赛激烈，军事演习频繁。此外，由于地缘政治因素，欧洲各国之间保持着密切的政治联系。因此，欧洲海洋政治开放水平整体较高。

在海洋科技方面，欧洲海洋科技合作度与海洋经济发达度相差不大，得分均在30分左右波动。从平均值来看，欧洲海洋科技合作度得分排名第4位，略低于全球平均值。但不可否认的是，英国、德国、法国、荷兰等国仍为全球海洋科技发展做出了重要贡献。英国实施了《2025海洋计划》（Oceans 2025），全面发展海洋科技，尤其在海洋新能源的高新技术开发利用领域，计划英国未来所需电力的1/5都能从环绕它的海洋中获取，使英国成为"海洋能源中的沙特阿拉伯"。俄罗斯欲恢复其在海洋领域的霸主地位，依托自身地理区位优势，确立瞄准北极的海洋发展战略，依托科技打造海洋军事和航运强国。在科技成果领域，在ISI Web of Knowledge上检索2001—2008年SCIE数据库海洋领域的25种影响因子大于2.0的科技期刊，加上Nature（《自然》）和Science（《科学》）总共27种期刊，共计25426篇文献，基于这些样本数据，对海洋科技领域的发展现状进行比较分析，得到发文量前10位的国家为：美国、英国、加拿大、德国、澳大利亚、法国、日本、西班牙、荷兰和意大利，其中欧洲国家占据一半以上（6个），可见其对世界海洋科技发展意义重大[①]。

---

① 高峰, 王金平, 汤天波. 海洋科技国际发展趋势分析[J]. 中国科学院国家科学图书馆兰州分馆.

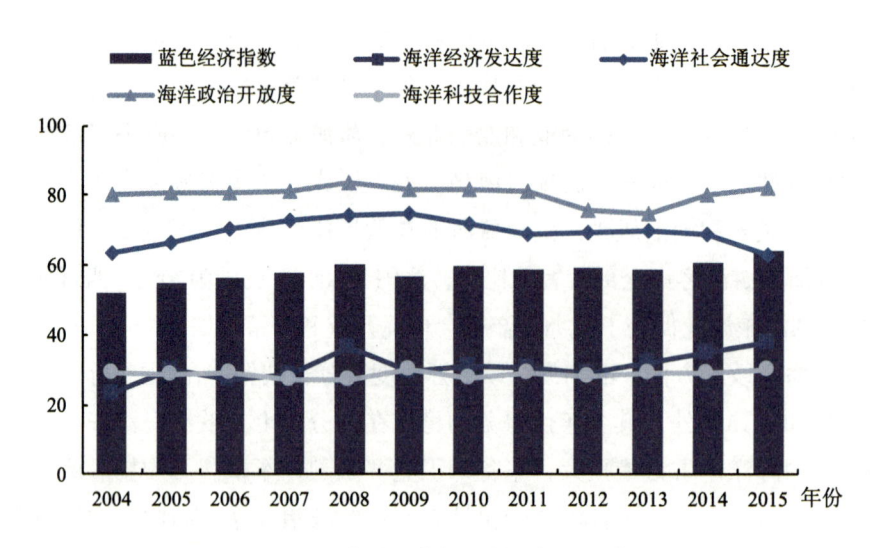

图6-17　2004—2015年欧洲蓝色经济指数和一级指标平均得分

纳入蓝色经济指数测算的欧洲国家共有26个，因地理区位和经济实力不同，各国蓝色经济开放水平存在显著差距（见图6-18）。其中，荷兰蓝色经济开放优势明显，蓝色经济指数得分为89分，远高于欧洲其他国家；爱尔兰、英国和丹麦蓝色经济开放水平相当，蓝色经济指数得分均在70分以上；瑞典、挪威、比利时等10个国家蓝色经济处于全球中上游水平，开放程度差距较小；其余12个国家的蓝色经济指数得分均低于全球平均值，蓝色经济开放水平有待进一步提高。

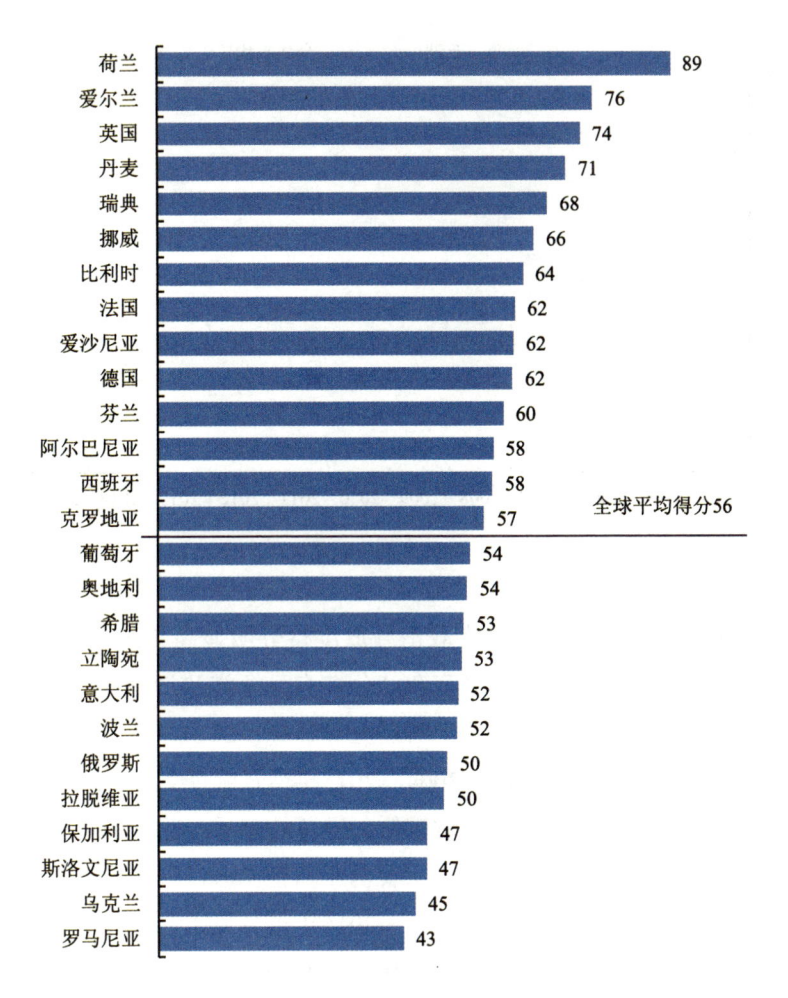

国家	得分
荷兰	89
爱尔兰	76
英国	74
丹麦	71
瑞典	68
挪威	66
比利时	64
法国	62
爱沙尼亚	62
德国	62
芬兰	60
阿尔巴尼亚	58
西班牙	58
克罗地亚	57
葡萄牙	54
奥地利	54
希腊	53
立陶宛	53
意大利	52
波兰	52
俄罗斯	50
拉脱维亚	50
保加利亚	47
斯洛文尼亚	47
乌克兰	45
罗马尼亚	43

全球平均得分56

图6-18　2004—2015年欧洲各国蓝色经济指数平均得分

五、亚洲蓝色经济指数评估分析

亚洲东濒太平洋、南邻印度洋、北接北冰洋，海陆区位优势明显，海洋资源丰富。总体来看，亚洲蓝色经济指数得分略高于全球平均水平，并且表现出稳中有升的趋势，2015年得分为63分，相较于2004年，年均增长速度为1.69%，增长幅度为20.10%，蓝色经济开放态势向好。同时还可以发现，自2009年以来，亚洲蓝色经济指得分与全球平均值之间产生了一定的差距（见图6-19）。

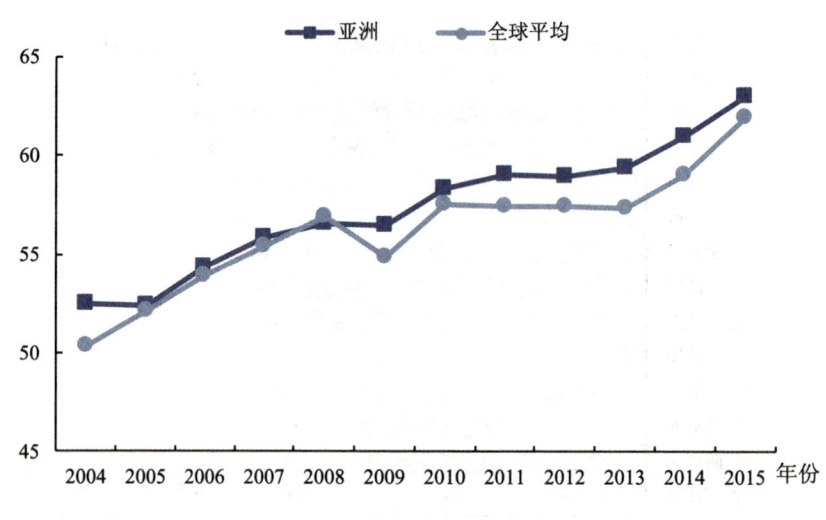

图6-19 2004—2015年亚洲蓝色经济指数平均得分

从具体领域来看，亚洲海洋政治开放度得分明显高于其余3项，除2012年和2013年以外，其余年份均稳定在80分左右，海洋政治开放优势明显；海洋社会通达度得分次之，并且处于明显上升态势，2014年达到最高值63分，2015年得分为60分，略有下滑，2004—2015年增长幅度为20.00%；海洋经济发达度和海洋科技合作度得分相对较低，但总体来看，后者略高于前者。其中，海洋科技合作度处于下降趋势，表明亚洲整体海洋科技开放程度与全球领先水平间的差距在逐渐增大，2011—2015年得分基本稳定在35分左右；海洋经济发达度则处于波动上升趋势，其得分由2004年的27分上升至2015年的38分，增长幅度高达40.74%，海洋经济发展态势良好（见图6-20）。

纳入蓝色经济指数测算的亚洲国家共有14个，与欧洲类似，因地理区位和经济实力的差异，各国蓝色经济开放同样表现出不同特点（见图6-21）。新加坡蓝色经济指数平均得分为100分，蓝色经济开放水平稳居世界第一。中国、韩国和马来西亚蓝色经济开放程度大体相当，蓝色经济指数得分均在70分以上，均属于第Ⅰ梯次国家。日本和泰国蓝色经济指数分别为63分和60分，均高于全球平均水平。菲律宾等8个国家蓝色经济开放程度则处于全球中下游水平，蓝色经济发展空间广阔。

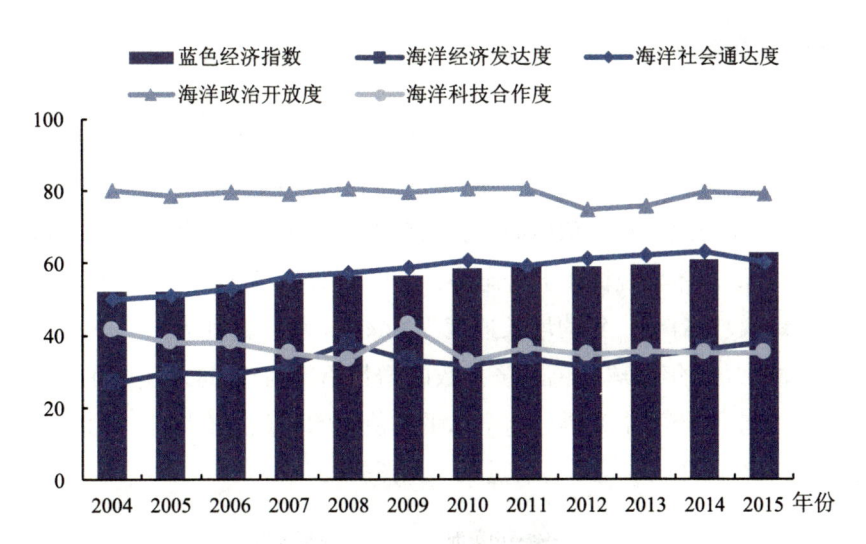

图6-20　2004—2015年亚洲蓝色经济指数和一级指标得分

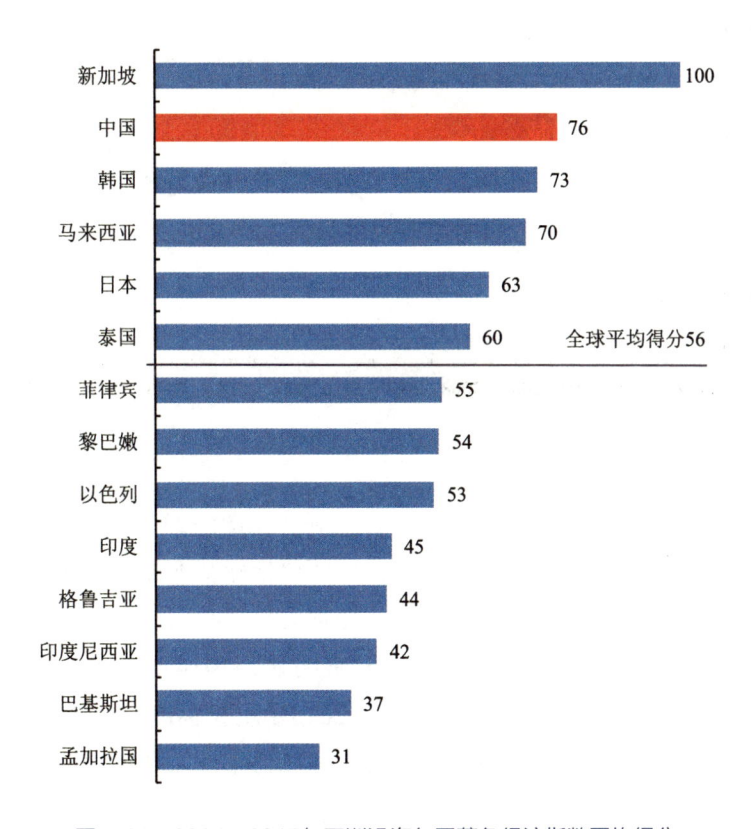

图6-21　2004—2015年亚洲沿海各国蓝色经济指数平均得分

六、南美洲蓝色经济指数评估分析

南美洲位于西半球的南部，东濒大西洋，西邻太平洋，北濒加勒比海，南隔德雷克海峡与南极洲相望。南美洲拥有世界四大渔场之一——秘鲁渔场，海洋渔业资源丰富。总体而言，南美洲蓝色经济指数历年得分均低于全球平均值，但总体呈现稳步上升态势，2004年蓝色经济指数为38分，2015年蓝色经济指数为51分，年均增长速度为2.64%，增长幅度为32.59%。对比来看，2004—2015年全球蓝色经济指数的增长幅度为22.68%，并且从差值来看，南美洲蓝色经济指数得分与全球平均值间的差距略有缩小，由此可见，南美洲蓝色经济开放取得了显著进展（见图6-22）。

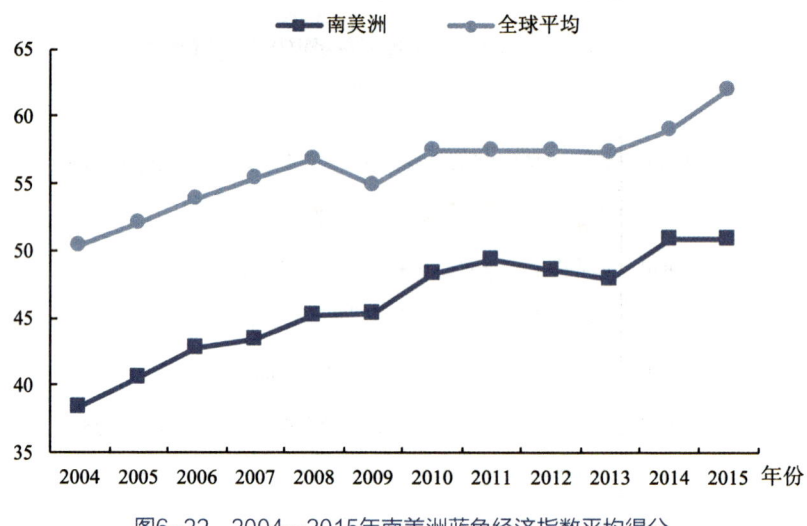

图6-22　2004—2015年南美洲蓝色经济指数平均得分

从一级指标来看，4项指标得分差距明显（见图6-23）。其中，海洋经济发达度和海洋科技合作度得分走势相似，两项指标基本保持在20左右，前者得分略高于后者，2015年两项指标得分分别为21分和19分，相比于2004年，变动幅度较小；海洋社会通达度上升趋势明显，2014年达到最高值62分，2015年得分为59分，略有下降，2004—2015年增长幅度为68.57%；相比之下，海洋政治开放度得分最高，除2012年和2013年外，其余年份均保持在70分以上。

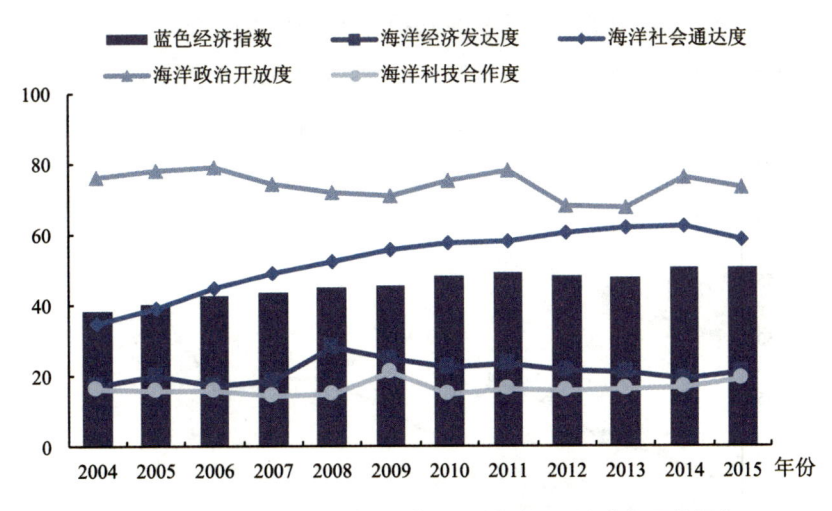

图6-23　2004—2015年南美洲蓝色经济指数和一级指标平均得分

七、非洲蓝色经济指数评估分析

非洲四面环海，堪称海上大陆，整个非洲大陆有2/3的国家拥有自己的海岸线，大陆海岸线约长30490千米，海岸线绵长平直，缺少半岛和海湾，是各洲中岛屿数量最少的大洲。进入21世纪以来，蓝色经济成为非洲经济发展的引擎新动力，在非洲各国得到了前所未有的重视。

蓝色经济指数方面，非洲蓝色经济指数得分明显低于全球平均水平，整体经济实力落后决定了非洲蓝色经济仍处于起步阶段。从历史变化趋势来看，非洲蓝色经济指数得分大致经历了如下变化过程：2004—2008年蓝色经济指数稳步上升，得分由38分上升至47分，年均增长速度为5.03%，增长幅度达21.62%；同样受全球金融危机的影响，2009年得分下降至42分；2010—2015年再次呈现上升态势，2015年蓝色经济指数为52分，年均增长速度为3.86%，增长幅度为18.18%。总体来看，2004—2015年非洲蓝色经济指数的年均增长速度为3.00%，增长幅度达35.71%。由此反映出，近年来，非洲蓝色经济开放意识不断深化，开放水平不断提高。2015年12月5日，在中非合作论坛第六届部长级会议上，中国与非洲各国签署《约翰内斯堡行动计划（2016—2018）》，加强中非双方在海洋渔业、运输业、造船、港口、油气资源开发、蓝色经济发展等方面的经验交流与合作，帮助非洲培育新的经济增长点。此外，自2013年以

69

来，非洲蓝色经济指数得分与全球平均得分的差值逐渐缩小，可以推断，未来非洲蓝色经济将面临巨大的开放机遇和发展空间（见图6-24）。

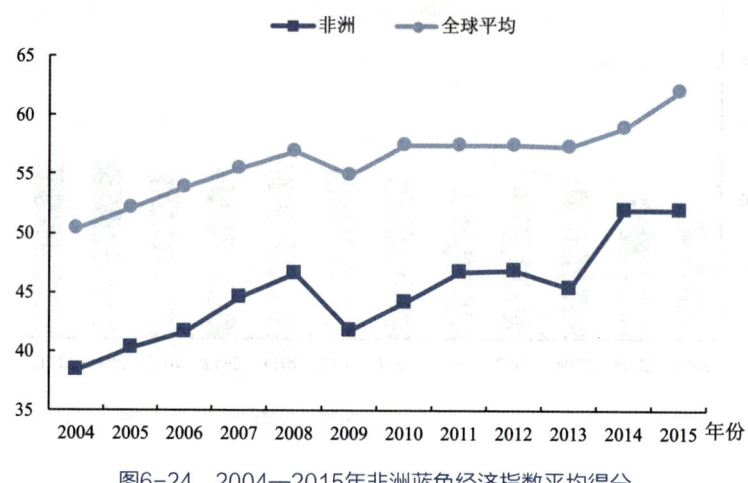

图6-24 2004—2015年非洲蓝色经济指数平均得分

一级指标方面（见图6-25），非洲4项指标得分呈现出明显的梯次分布。其中，海洋政治开放度得分最高，但2011—2013年出现明显下降，2015年得分为79分，略有回升，与2004年得分持平。海洋社会通达度得分次之，并且总体呈现上升态势，得分由2004年的33分增加至2015年的51分，增长幅度高达54.55%，海洋社会环境明显优化。从图中可以发现，2011年之后该指标得分基本稳定在55分左右。海洋交通运输业和旅游业是非洲国民经济的支柱性产业。据粮农组织数据显示，2012年全球总渔船数量为472万艘，亚洲船队占全球总量的68%，其次是非洲，占比约为16%。在船舶登记方面，截至2014年初，世界最大的船队是巴拿马籍船队，占世界的21.21%，非洲利比里亚船队以12.24%的占比位居世界第2位。此外，坦桑尼亚也已经建成了一个开放型船舶登记地，船舶登记吨位实现了两位数增长（27.3%）。旅游业同样是非洲岛国经济的主要收入来源。在塞舌尔，旅游业是其国民经济的第一大支柱，直接或间接地创造了约72%的国内生产总值，每年带来的外汇收入达到1亿多美元，约占国内外汇总收入的70%。在毛里求斯，旅游业带来的外汇收入在该国创汇产业排名中列第3位。海洋交通运输业和旅游业等产业的兴起和发展，为非洲各国提供了大量的就业机会，成功解决了非洲部分劳动力就业问题，缓解了就业难题为政府带来的巨大压力，一定程度上对维护非洲各国政局和社会的稳定带来了正面效果[①]。但是，据国际劳工组织《世界就业和社会展望——2016年趋势》报告显示，撒哈拉以南非洲地区的"不稳定就业"占总就业的70%，加之海盗行为和海洋空间内的其他违法活动，都为非洲海洋政治开放带来了潜在的不稳定因素[②]。

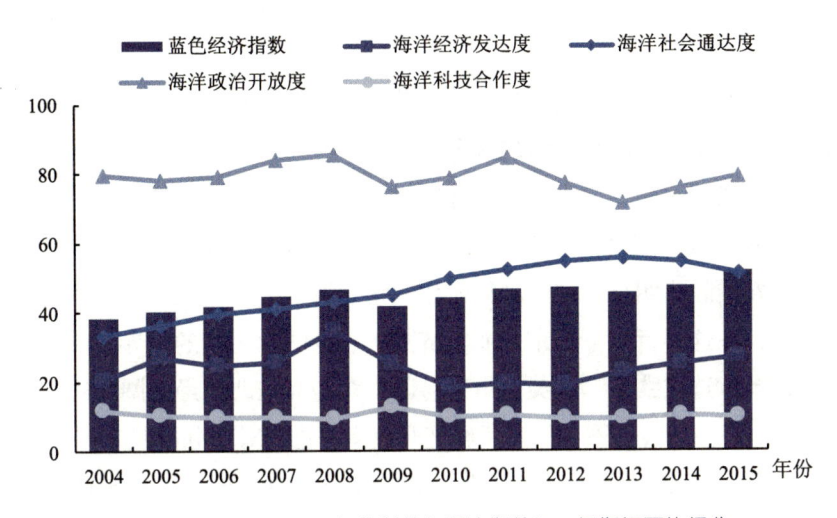

图6-25　2004—2015年非洲蓝色经济指数和一级指标平均得分

相比之下，非洲海洋经济发达度和海洋科技合作度得分处于低位状态。其中，海洋经济发达度得分偏低且波动幅度明显，2004—2008年得分略有上升，2008年达到峰值35分；2009—2010年得分急剧下降，2010年出现最低值18分；2011—2015年缓慢回升，2015年得分为27分。渔业为非洲经济与社会发展做出了重要贡献，除了提供食物来源和就业机会外，也是各国创汇的重要产业。根据粮农组织的保守估计，2011年非洲国家通过签署外国在其专属经济区渔业捕捞协议获得了4亿美元的外汇收入。但是，非洲渔业规模仍多处于小规模发展状态，与欧洲和亚洲等渔业相对发达的地区仍存在明显差距。非洲海洋科技合作度处于超低水平，2004—2015年得分均未超过20分，2015年该指标得分仅为10分，与2004年相比，下降幅度为16.67%。提高海洋科技水平，学习和引进国外先进技术，将是实现非洲蓝色经济发展的重要突破口。

---

① 张艳茹，张瑾. 当前非洲海洋经济发展的现状、挑战与未来展望[J]. 现代经济探讨, 2016, (05):89-92.
② 张改萍. 非洲海洋经济发展迎来新机遇[N]. 国际商报, 2016-10-20 (A04).

第七章　从经济组织（或经济圈）看全球蓝色经济发展

从现代化发展进程来看，经济全球化已经成为历史发展的必然趋势，区域合作成为经济全球化的重要组成部分和主要外在表现形式。经济全球化与区域经济一体化相伴相随，20世纪下半叶以来，在全球化快速发展的背景下，以欧洲联盟、北美自由贸易区和东南亚国家联盟（以下简称为"东盟"）为核心的区域合作发展趋势明显。在区域集团化的强烈挑战下，亚太经济合作问题也越来越紧迫，在这种背景下，东北亚经济圈正逐渐崛起为新的世界经济中心。基于以上，本章选取欧盟、北美自由贸易区、东盟和东北亚经济圈为研究对象，对各经济组织（或经济圈）的蓝色经济开放水平进行对比分析[①]。

全球四大经济组织（或经济圈）蓝色经济开放程度均处于全球中上游水平，蓝色经济指数得分均在全球平均值以上。对比来看，东北亚经济圈和北美自由贸易区蓝色经济开放基础雄厚，东盟和欧盟拥有广阔的发展空间。各经济组织（或经济圈）在不同海洋领域的表现也有所差异。

东北亚经济圈蓝色经济指数得分稳中有升，年均增长速度为1.52%，增长幅度为17.86%，2015年达到最高值76分。海洋政治开放度得分最高，除2012年外，其余年份得分均保持在85分以上；海洋社会通达度得分长期稳定在80分以上；海洋科技合作度得分在50~70分之间波动，多数年份得分较为稳定；海洋经济发达度总体表现出上升态势，但历年得分偏低，最高值仍不足35分。

北美自由贸易区蓝色经济指数得分在65~70分内波动，年均增长速度为0.78%，增长幅度为8.61%。海洋社会通达度、海洋政治开放度和海洋科技合作度均保持在较高水平，其中海洋政治开放度得分稳定在80分左右；海洋社会通达度得分保持在70分以上；2010年之后海洋科技合作度得分稳定在60分左右；海洋经济发达度得分极低，近几年呈现出上升趋势，2015年得分为34分。

东盟蓝色经济指数上升趋势明显，2015年得分为72分，年均增长速度为

---

① 由于参考资料有限，本章对各经济组织（或经济圈）的分析略有侧重。

1.60%，增长幅度为18.94%。其中，海洋政治开放度得分最高，多数年份保持在75分以上；海洋社会通达度得分明显上升，2015年得分为62分；海洋经济发达度历年得分均在40分以上，11年间相对增长了28.57%；海洋科技合作度得分表现出明显下降趋势，下降幅度为19.30%。

欧盟蓝色经济指数稳中有升，2015年得分为64分，年均增长速度为1.62%，增长幅度为18.61%，。其中，海洋政治开放度得分最高，除2013年以外，其余年份得分均保持在75分以上；海洋社会通达度得分次之，基本保持在65分以上。相比之下，海洋经济发达度和海洋科技合作度得分总体偏低，呈现交替增长局面，两项指标基本稳定在30分左右。

一、区域蓝色经济开放水平对比分析

（一）蓝色经济开放水平存在差异

整体而言，4个经济组织（或经济圈）蓝色经济开放水平存在一定差距（见图7-1）。从蓝色经济指数来看，东北亚经济圈、北美自由贸易区和东盟蓝色经济指数得分远高于全球平均水平，蓝色经济开放基础雄厚。其中东北亚经济圈蓝色经济指数得分最高为71分，蓝色经济开放处于全球高位水平；北美自由贸易区和东盟蓝色经济指数平均值分别为68分和65分，同样处于世界上游水平；相比之下，欧盟蓝色经济开放水平较为落后，平均得分为59分，略高于全球平均值，发展空间广阔。

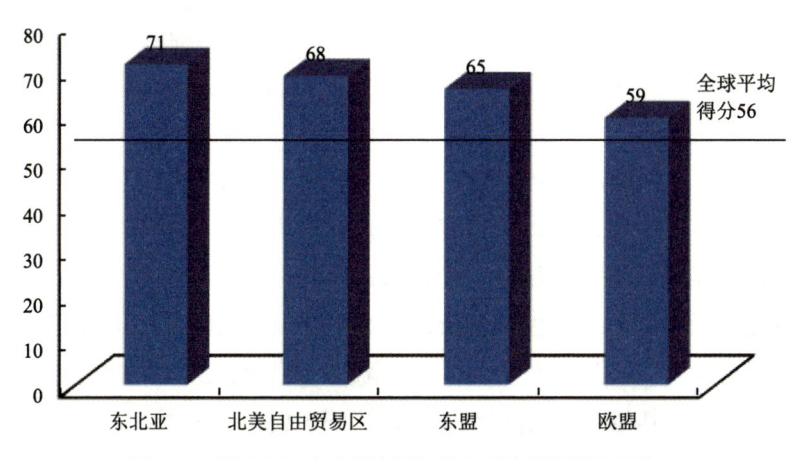

图7-1 经济组织（或经济圈）蓝色经济指数平均得分

2015年东北亚经济圈、北美自由贸易区、东盟和欧盟蓝色经济指数平均值分别为76、72、72和64，东北亚经济圈蓝色经济指数得分明显高于其他3个经济组织。从增长幅度来看，欧盟蓝色经济指数增长幅度最高为23.08%；其次是东北亚经济圈，增长幅度达到18.75%；东盟蓝色经济指数增长幅度为18.03%，与东北亚经济圈较为接近；而北美自由贸易区蓝色经济指数增长幅度仅为9.09%，蓝色经济增长相对缓慢（见表7-1）。但不难发现，4个经济组织（或经济圈）蓝色经济指数的增长幅度均低于全球平均水平，主要原因在于这4个经济组织（或经济圈）的蓝色经济均已处于或接近于全球领先水平。

表7-1　2004年和2015年经济组织（或经济圈）蓝色经济指数得分及增长幅度

经济组织（或经济圈）	2004年	2015年	增长幅度（%）
东北亚经济圈	64	76	18.75
北美自由贸易区	66	72	9.09
东南亚国家联盟	61	72	18.03
欧洲联盟	52	64	23.08
全球	50	62	24.00

（二）蓝色经济指数稳步上升

从时间尺度来看，东北亚经济圈、北美自由贸易区、东盟和欧盟蓝色经济指数均处于波动上升状态（见图7-2）。其中，东北亚经济圈蓝色经济开放水平整体较高，2009年之后蓝色经济指数得分超越北美自由贸易区，稳居4个经济组织（或经济圈）之首，2012—2015年得分处于上升阶段；北美自由贸易区蓝色经济指数相对稳定，得分大致经历了"N型"曲线走势，2004—2015年得分在65～70分之间波动，稳定性较强；东盟蓝色经济指数呈现稳步上升趋势，2012年之后得分略超过北美自由贸易区，蓝色经济开放态势良好；欧盟蓝色经济指数得分变化相对复杂，2004—2008年呈现持续上升趋势，2009年得分略有下降，之后略有回升，并逐渐趋于稳定，2013—2015年指数得分再次上升，但与其他3个经济组织（或经济圈）仍存在差距。

图7-2　2004—2015年经济组织（或经济圈）蓝色经济指数平均得分

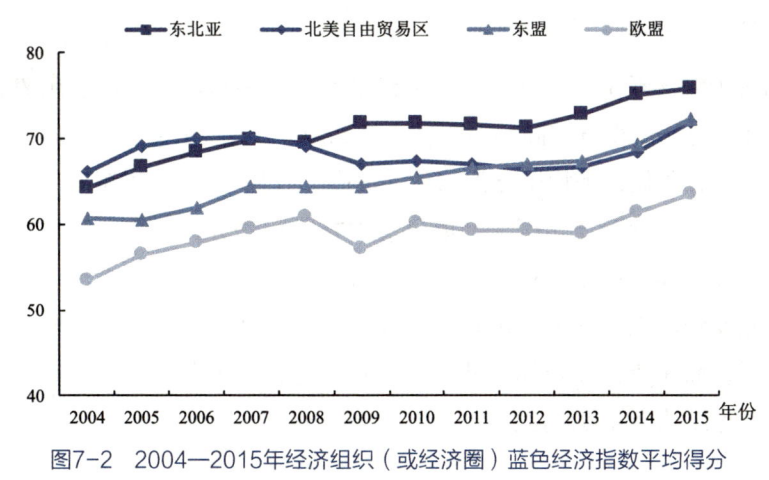

（三）海洋经济发达度差异明显

从海洋经济发达度来看，东北亚经济圈、北美自由贸易区、东盟和欧盟得分存在明显差距（见图7-3）。东盟海洋经济发达度得分最高为48分，凭借东南亚海洋渔业发达、港口条件优越、贸易往来频繁等优势，海洋经济发达程度远高于其他3个经济组织（或经济圈）；欧盟海洋经济发达度得分次之，略高于全球平均值，海洋经济开放程度处于全球中上游水平；东北亚经济圈和北美自由贸易区的海洋经济开放水平相当，该项指标平均值分别为28分和26分，均略低于全球平均水平，由于纳入测算的国家（美国、加拿大、中国、日本和韩国）发达程度较高，贸易往来多以中高级产品为主，而本研究海洋经济发达度侧重衡量传统海洋产品贸易开放程度，因此整体得分相对略低。

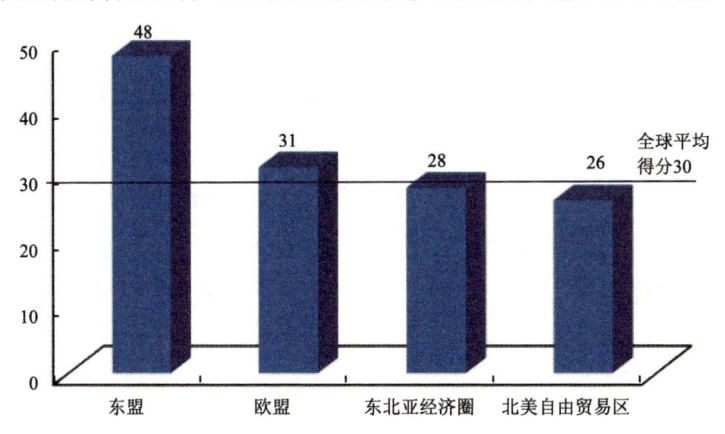

图7-3　经济组织（或经济圈）海洋经济发达度平均得分

（四）海洋社会通达程度高且差距小

相较于海洋经济发达度，东北亚经济圈、北美自由贸易区、东盟和欧盟的海洋社会通达度得分较高且差距较小（见图7-4）。东北亚经济圈海洋社会通达程度优势明显，平均得分为84分，远高于其他3个经济组织；北美自由贸易区和欧盟海洋社会通达度平均值分别为76分和69分，海洋社会环境优良；东盟海洋社会通达度平均得分为60分，海洋社会开放水平相对较低。总体来看，东北亚经济圈、北美自由贸易区和欧盟海洋社会通达度得分均高于全球平均水平，而东盟该项指标略低于全球平均值，由于东盟成员国以发展中国家为主，海洋社会开放程度仍有待进一步提高。

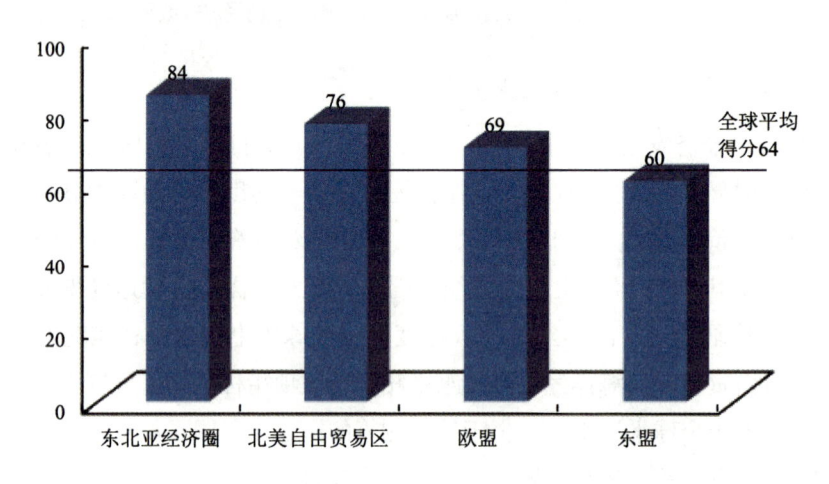

图7-4　经济组织（或经济圈）海洋社会通达度平均得分

（五）海洋政治开放度处于高位均衡发展状态

从海洋政治开放度来看，东北亚经济圈、北美自由贸易区、东盟和欧盟该项指标得分处于高位均衡发展状态（见图7-5）。东北亚经济圈海洋政治开放度得分为87分，高于其他3个经济组织，海洋政治开放基础坚实；欧盟和北美自由贸易区的海洋政治开放度得分分别为81分和80分，略高于全球平均值；东盟海洋政治开放度得分为79分，与全球平均值持平。

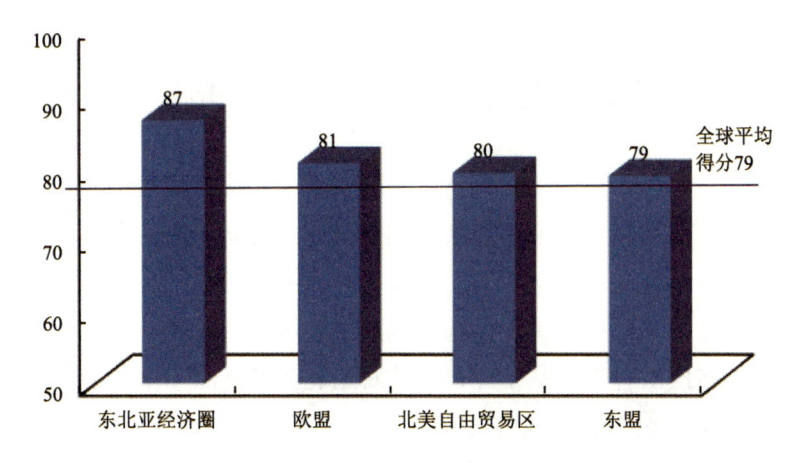

图7-5 经济组织（或经济圈）海洋政治开放度平均得分

（六）海洋科技合作度差距悬殊

从海洋科技合作度来看，东北亚经济圈、北美自由贸易区、东盟和欧盟海洋科技开放水平差距悬殊（见图7-6）。北美自由贸易区海洋科技合作度得分为64分，海洋科技开放程度最高，美国和加拿大雄厚的科研实力，推动了海洋科技领域的快速发展；东北亚经济圈海洋科技合作度得分为56分，随着中国、日本和韩国科技的兴起，海洋科技蓬勃发展；东盟一直在为提升海洋科研实力而努力，积极与中国等国开展海洋科技合作，2004—2015年海洋科技合作度平均值为48分；欧盟海洋科技开放水平相对落后，海洋科技合作度得分为31分，略高于全球平均值，发展海洋科技将是欧盟提高蓝色经济整体水平的重要途径。

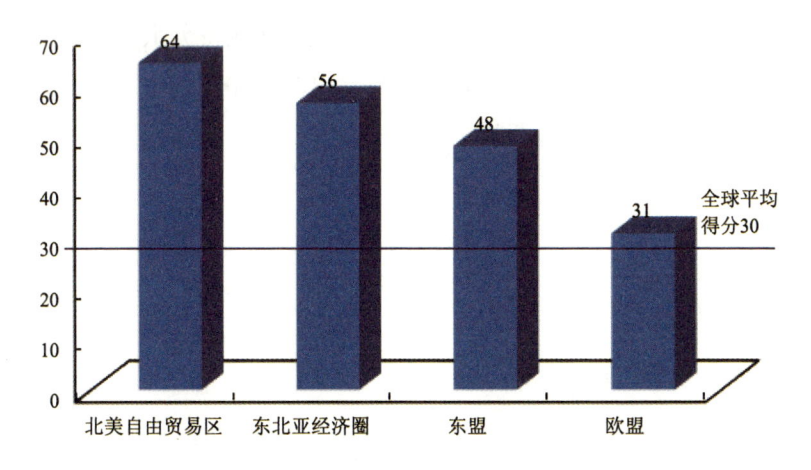

图7-6 经济组织（或经济圈）海洋科技合作度平均得分

二、东北亚经济圈蓝色经济指数评估分析

当前，从世界区域经济发展进程来看，世界经济的发展中心和新的增长点正在东移，亚洲和环太平洋地区已成为全球经济新的增长极。在蓝色经济迅猛发展的21世纪，在复杂的历史和现实冲突的背景下，东亚各国特别是中国、日本、韩国三国应以更加深远的智慧来迎接新的时代，开展蓝色经济领域全方位、多层次合作。基于此，本节对东北亚经济圈（主要是中国、日本和韩国）的蓝色经济发展现状进行深入分析。

总体来看，2004—2015年东北亚经济圈蓝色经济指数呈现稳步增长态势，指数得分由2004年的64分上升至2015年的76分，年均增长速度为1.52%，增长幅度为17.86%。从一级指标来看，海洋政治开放度和海洋社会通达度得分处于高位水平，海洋政治领域开放优势更为明显，除2012年以外，其余年份得分均在85分左右，最高得分为92分。但不难发现，海洋政治开放度得分稳定性较差，2004—2006年、2008—2010年和2012—2014年均处于上升态势，而其余年份得分相较于上一年均有所下降；相比之下，海洋社会通达度较为稳定，2004—2015年得分均保持在80分以上，最高值为88分，最低值为81分，海洋社会保障基础坚实；海洋科技合作度得分在50~70分之间波动，除2008—2010年波动较大之外，其余年份该指标得分的变动情况大致可分为两个阶段，其中2004—2008年得分略有下降，2010—2015年得分相对稳定，2015年海洋科技合作度得分为60分；海洋经济发达度得分最低，2004—2008年和2012—2015年处于上升阶段，指标得分由2004年的19分上升至2015年的38分，增长幅度高达100%（见图7-7）。

第七章 从经济组织（或经济圈）看全球蓝色经济发展

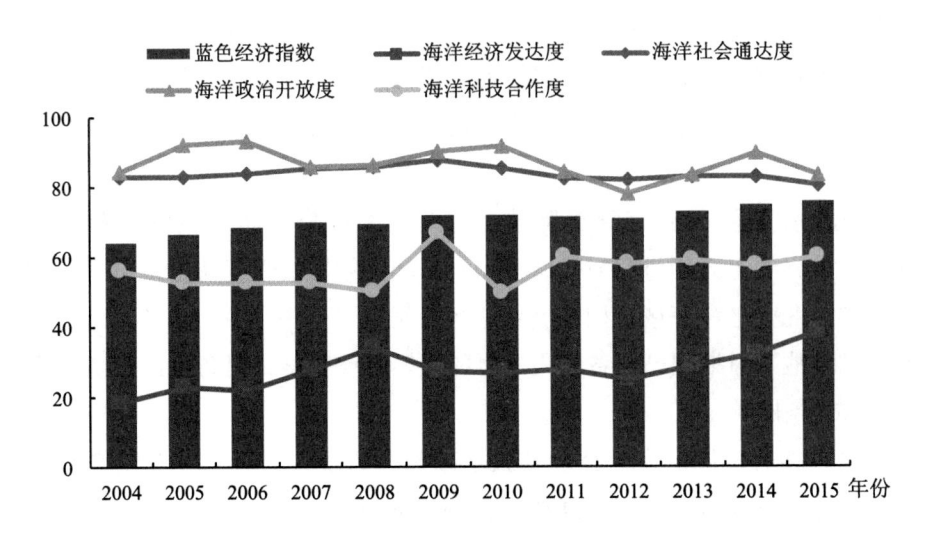

图7-7 2004—2015年东北亚经济圈蓝色经济指数和一级指标平均得分

（一）日本蓝色经济指数评估分析

日本是一个海洋国家，四面环海，其国土由6800个岛屿组成，主要包括5大岛群，因此，可以说日本是一个群岛国家。尽管日本仅有37.8万平方千米的陆地领土，位列全球第61位，而海岸线却达到3.5万千米，列全球第6位，其主张管辖的领海和专属经济区约为447万平方千米，也列全球第6位[1]。海洋和海洋经济对日本国民经济和社会发展具有重要的支撑作用。

日本蓝色经济指数平均得分在全球处于第Ⅱ梯次，2012—2015年间蓝色经济指数得分呈现上升状态，2004—2015年增长幅度为10.61%。自20世纪60年代起，日本就十分重视海洋领域开发，尽管当时尚未形成独立的海洋发展战略规划，但在历次国土开发计划中，海洋经济、海洋产业相关政策均有所体现[3]，2007年正式颁布《海洋基本法》，次年又出台第一版《海洋基本计划》。近年来，日本经济增长乏力，长期坚持"贸易立国"方针的日本，连续3个财年出现巨额贸易逆差。同时，日本与周边国家的紧张关系，带来了诸

---

[1] 日本经济团体连合会. 新たな海洋基本計画に向けた提言[EB/OL]. https://www.keidanren.or.jp/policy/2012/052.Html, 2012-07-17.
[2] 20世纪后半叶，日本一共制定并实施了5次大规模的国土开发计划，提出时期分别是1962年池田内阁、1969年佐藤内阁、1977年福田内阁、1987年中曾根内阁、1998年桥本内阁。

多负面影响，主要表现在资源进出口方面。此外，全球经济危机、国际竞争加剧以及自然灾害等也使日本经济面临巨大压力。以上种种问题均为日本蓝色经济开放发展带来了不确定因素。反映在数据方面，日本蓝色经济指数得分在时间尺度上的稳定性较差。

在海洋经济方面，日本海洋经济发达度得分总体表现出上升态势，2012—2015年上升趋势尤为明显，2004—2015年增长幅度高达96.99%。日本所处的西北太平洋海域，拥有世界著名渔场之一——北海道渔场。此外，日本在"二战"时期便已具备较为雄厚的造船工业基础，具备海洋经济开放发展的有利条件。

日本拥有良好的海洋社会开放基础和开放条件。日本高度依赖海洋交通，约有99.8%的贸易量和近40%的国内交通通过海洋运输来实现，现有海港约1094个，密度居世界首位，现已形成东京、大阪、神户等国际贸易港，日本游船（NYK）、商船三井（MOL）和川崎汽船（"K" LINE）年载货量居日本海运业前三甲[1][2]。但由于日本经济容易受到自然灾害、全球经济危机等影响，海洋交通运输业等传统海洋产业发展遭遇瓶颈，经营业绩出现下滑，加之中国等国海洋社会领域的快速发展，日本海洋社会通达度得分出现明显的下滑趋势，年均下降速度为2.12%，下降幅度为21.37%。

在海洋政治方面，日本目前是世界贸易组织、国际刑事警察组织、国际海事组织、亚太经济合作组织等国际组织成员国，同时也是联合国海洋法公约缔约国，国际事务参与程度较高。从测算结果来看，多数年份日本海洋政治开放度得分稳定在75分左右，仅在2005—2006年和2009—2010年出现大幅度上升，原因在于日本在上述期间担任联合国安全理事会成员国。

在海洋科技方面，为了摆脱在资源和能源领域的被动局面，日本长期致力于海洋科技发展，在海洋环境探测技术、海洋再生能源实验研究、海洋生物资源开发工程技术、海水资源利用技术和海洋矿产资源勘探开发技术等领域内均取得了举世瞩目的科研成果，成为海洋科技强国。此外，特别值得一提的是，在近20余年来经济状况持续低迷的情况下，日本政府依然逐年增加经费用于支持海洋科技研发，从而确保了日本的海洋科技发展始终处

---

[1] 朱凌. 日本海洋经济发展现状及趋势分析[J]. 海洋经济, 2014, 4(04):47-53.
[2] 张浩川, 麻瑞. 日本海洋产业发展经验探析[J]. 现代日本经济, 2015, (02):63-71.

于世界领先位置[①]。从图7-8中也可以看出，日本海洋科技合作度得分稳定性较强。

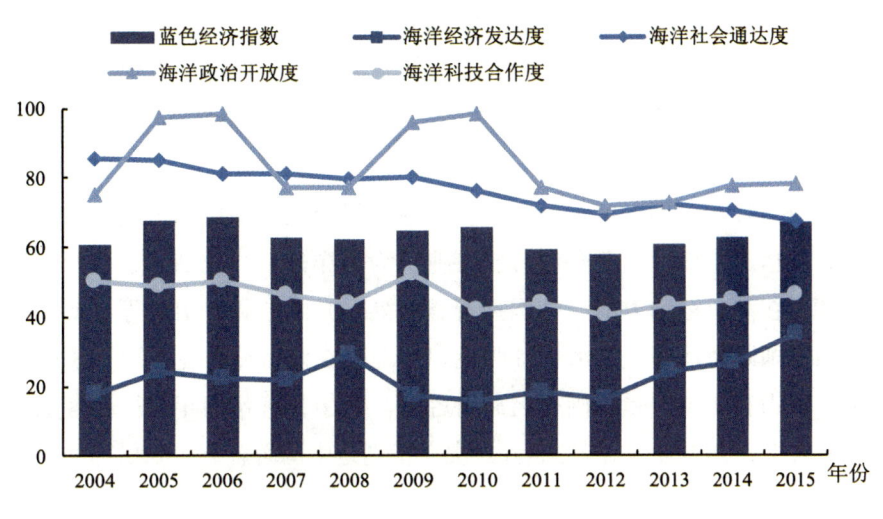

图7-8　2004—2015年日本蓝色经济指数和一级指标得分

（二）韩国蓝色经济指数评估分析

韩国是一个半岛国家，三面环海，海岸线长约2413千米。韩国领土面积约为10万平方千米，管辖海域面积为其陆地面积的4倍多。韩国政府注重对海洋的开发利用，蓝色经济在韩国得到了前所未有的重视。相关资料显示，韩国海洋产业约占韩国GDP的7%，居世界第10位。2011年6月29日，韩国海洋水产开发院与我国国家海洋信息中心座谈"海洋经济统计工作"时，韩国专家根据我国的《海洋及相关产业分类》国家标准，估算出2010年韩国主要海洋产业增加值占韩国GDP的5%，海洋生产总值（包含主要海洋产业及海洋相关产业）占韩国GDP的10%左右[②③]。从测算结果来看，韩国蓝色经济指数上升趋势显著，年均增长速度为1.99%，增长幅度为23.49%。

在海洋经济方面，韩国南部海域拥有寒暖流交替，渔业资源丰富，渔业开发优势明显。20世纪70年代以来，韩国渔业年产量高达300万吨以上，成为

[①] 陈春，高峰，鲁景亮，等.日本海洋科技战略计划与重点研究布局及其对我国的启示[J].地球科学进展，2016,31(12):1247-1254.

[②] 林香红，高健，周怡圆，等.韩国海洋经济发展现状研究[J].海洋经济，2014, 4(03):53-62.

[③] 苏海河.韩国海洋经济开发的经验与启示[N].中国海洋报，2013-07-15(004).

世界主要渔业国之一，在海洋捕捞方面已跻身于世界十强之列，同时也是世界海产品出口最多的国家之一。此外，韩国在造船业领域也同样有着优异的表现。以2012年为例，韩国造船业新船订单量达750万修正总吨，占全球造船订单量的35%。尽管全球市场对新船需要不断减少，但韩国造船业新船订单量和订单金额仍然连续两年排名世界第一[①]。反映在数据方面，韩国海洋经济发达度得分呈现明显的上升态势，2004—2015年增长幅度高达124.93%。

在海洋社会方面，韩国海洋社会通达度得分处于高位稳定发展状态。韩国拥有发达的港口运输业和滨海旅游业，为海洋社会开放创造了良好的机遇和条件。在港口运输方面，韩国拥有釜山港、光阳港和仁川港等重要港口，不断加强国际海运交流，大力加强港口服务；在滨海旅游业方面，济州岛、首尔、釜山和仁川等是韩国著名旅游胜地。其中，济州岛年接待游客数高达1000万人次，其中外国游客168万人次，特别是中国游客近年来增速明显，达到100万人次[②]。

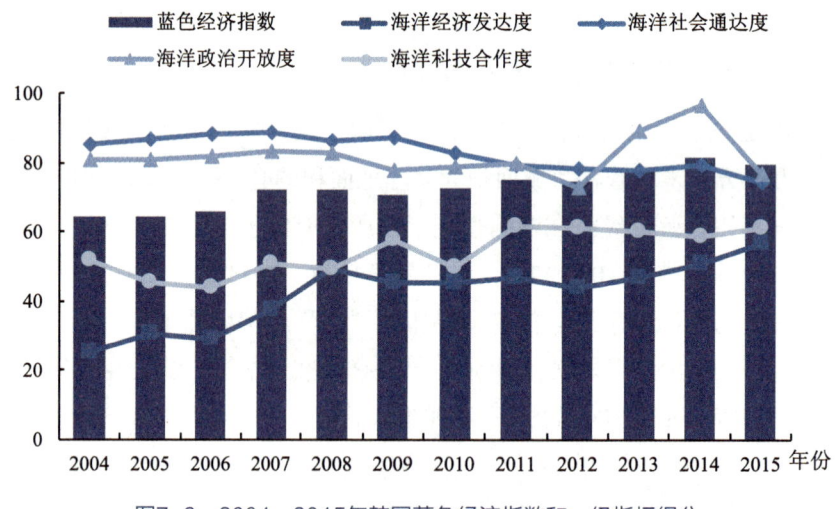

图7-9 2004—2015年韩国蓝色经济指数和一级指标得分

在海洋科技方面，2004—2015年韩国海洋科技合作度得分总体呈现上升趋势，增长幅度为17.60%。早在2000年，韩国政府结合自身情况，制定了名

[①] 苏海河.韩国海洋经济开发的经验与启示[N].中国海洋报, 2013-07-15(004).
[②] 林香红,高健,周怡圃,等.韩国海洋经济发展现状研究[J].海洋经济,2014,4(03):53-62.

为《海洋开发基本计划》的指导性文件，决定开展深海研究、生物多样性研究和利用海洋生物开发新资源等一系列科学考察活动。同时，韩国十分重视与其他国家在海洋科技领域的合作，参加了政府间海洋学委员会（IOC）、南极条约体系（ATS）、太平洋海洋考察国际委员会（PICES）和国际海底管理局（ISA）等国际组织并与成员国之间展开密切的科技合作。除此之外，韩国还与中国、美国、欧盟、英国、日本等海洋科技大国在海洋信息、海洋生物、深海资源勘探、海洋能源开发、海水综合利用等海洋高新技术领域有着积极的双边合作[①]。

三、北美自由贸易区蓝色经济指数评估分析

北美自由贸易区（North American Free Trade Area，NAFTA）是在区域经济集团化进程中，由美洲的发达国家和发展中国家组成，成员国包括美国、加拿大和墨西哥3国。纳入蓝色经济指数测算的北美自由贸易区成员国有美国和加拿大两个国家。

北美自由贸易区蓝色经济发展水平相对稳定，蓝色经济指数在65～75分之间波动，2015年达到最高值72分，年均增长速度为0.78%，增长幅度为8.61%。但由于样本国家不包括墨西哥，一定程度上会导致北美自由贸易区的蓝色经济指数得分偏高。从各领域发展情况来看，海洋社会通达度、海洋政治开放度和海洋科技合作度均保持在高位水平。其中，2004—2009年海洋政治开放度和海洋社会通达度水平相当，得分在80分左右波动；但在2009年之后，两项指标表现出不同的变化趋势，除2012年和2013年外，海洋政治开放度得分基本保持原有的高位水平，2015年得分为81分；但海洋社会通达度却出现明显下滑，2015年得分为65分，相比于2004年，下降幅度为16.67%。海洋科技合作度得分总体呈现下降态势，2010年之后稳定在60分左右，2015年得分为63分，相较于2014年略有回升。相比之下，海洋经济发达度处于低位上升状态，指标得分总体稳定在25分左右，2012年之后上升趋势尤为显著，2015年得分为34分，与2004年相比，增长幅度高达54.55%，

---

① 王双,刘鸣.韩国海洋产业的发展及其对中国的启示[J].东北亚论坛,2011,20(06):10-17.

海洋经济开放态势向好（见图7-10）。

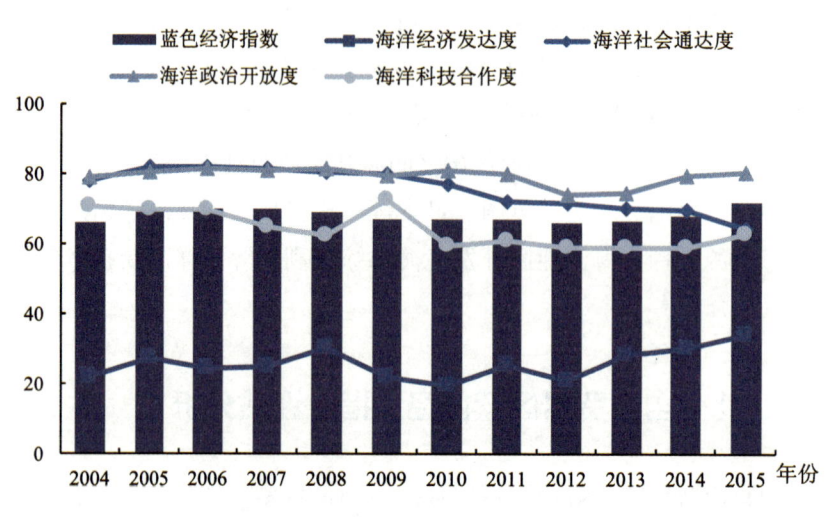

图7-10 2004—2015年北美自由贸易区蓝色经济指数和一级指标平均得分

四、东盟蓝色经济指数评估分析

东南亚国家联盟（Association of Southeast Asian Nations，ASEAN），简称东盟，成员国有马来西亚、印度尼西亚、泰国、菲律宾、新加坡、文莱、越南、老挝、缅甸和柬埔寨10个国家。东盟国家拥有漫长的海岸线，海域辽阔，海洋资源丰富。其中，印度尼西亚的海岸线为3.5万千米，菲律宾的海岸线为1.8万千米，马来西亚的海岸线为4192千米，越南的海岸线为3260多千米，缅甸海岸线为3200千米，泰国海岸线为2800多千米，文莱、柬埔寨和新加坡也有一定的海岸线。近年来，东盟各国蓝色经济发展势头迅猛，海洋产业成为各国产业结构的重要组成部分。纳入蓝色经济指数测算的东盟国家有新加坡、马来西亚、菲律宾、泰国和印度尼西亚5个国家[①]。

从蓝色经济指数来看，2004—2015年东盟蓝色经济指数呈现稳步上升趋势，2015年得分为72分，与2004年相比，年均增长速度为1.60%，增长幅度为18.94%。近年来，东盟各国相继制定和实施了海洋经济发展战略与政策，以推动海洋经济开放发展，促进海洋产业结构调整。如印度尼西亚总统佐科

---

① 王勤.东盟区域海洋经济发展与合作的新格局[J].亚太经济,2016,(02):18-23.

于2014年在其就职演说中强调，要建设海洋强国，提升全民海洋意识，建设"海上高速公路"，推进海上互联互通，发展海洋经济，维护海上安全，开展海洋外交，并在国内新设海洋事务统筹部。越南政府于2007年5月出台了《至2020年海洋战略规划》，提出2020年前实现海洋强国的目标；2012年6月通过了《越南海洋法》，以此落实海洋战略和实现海洋强国目标。

从具体领域来看，东盟海洋经济发达程度处于4个经济组织（或经济圈）之首，海洋经济发达度历年得分均在40分以上，2004—2015年相对增长了28.57%。东盟国家拥有丰富的渔业资源，据联合国粮农组织的统计数据，2000—2013年东盟十国的渔业产量从1703.3万吨上升至4059.9万吨，占世界渔业生产总量的比重由12.5%上升到21.3%。其中，东盟五国（印度尼西亚、马来西亚、菲律宾、新加坡和泰国）的渔业产量从1332.5万吨升至2890.7万吨，占世界渔业生产量的比重则由9.8%上升到15.1%。在船舶工业方面，东盟国家造船业异军突起，菲律宾迅速跻身除日本、韩国和中国外的世界第四大造船国，越南的造船业也已初具规模。发达的渔业和造船业，使得东盟国家在海洋经济开放领域具有绝对的优势。

海洋政治开放度得分最高，除2012年和2013年外，其余年份得分均在75以上，2015年得分为82；海洋社会通达度总体呈上升趋势，2015年得分为62，与2014年相比略有下降，但相较于2004年，增长幅度为24.00%。东盟各国地处太平洋和印度洋之要道，海陆区位优势显著，由此促成各国商业船只和港口均在世界上占据重要的席位。据资料显示，2014年东盟六国的集装箱吞吐量为9303万标准箱[1]，占世界集装箱吞吐量的13.6%，新加坡港、马来西亚巴生港、丹戎帕拉帕斯港、印度尼西亚雅加达港也由此跻身世界二十大集装箱港的行列[2]。东盟各国多为海洋国家，滨海旅游业是其旅游业发展最快的市场，成为各国重要的创汇产业之一。据统计，2014年东盟十国的跨境旅游人数达1.05亿人次。港口运输业和滨海旅游业的迅速发展，提高了东盟国家的海洋社会开放水平，也间接地为其海洋政治开放和稳定发展创造了有利条件。

---

[1] 2014年六国集装箱吞吐量如下：新加坡为3483.2万标准箱、马来西亚为2271.9万标准箱、印度尼西亚为1190.1万标准箱、越南为942.5万标准箱、泰国为828.4万标准箱、菲律宾为586.9万标准箱，分别居世界的第2、第4、第8、第11、第13和第17位。
[2] UNCTAD (2015). Review of Maritime Transport 2015, 67−69.

相比之下，东盟海洋科技合作度得分总体呈现出下降趋势，下降幅度约为19.30%，2010—2015年得分趋于稳定。近年来，东盟海洋科学技术研究集中在海洋技术与人类生存、海洋预报、海岸与近海工程、海洋生物技术、海洋环境保护、海洋岩土工程和海洋观测预报等领域。如：印度尼西亚BPPT海运技术中心主任Yudi Anantasena介绍了其研究所利用4艘科考船所进行的国际合作海洋研究项目，其中包括海洋浮标监测项目、爪哇岛上升流变化观测项目、深海探测项目等；2012年10月19—23日，中国-东盟海洋科技学术研讨会（CHINA-ASEAN Workshop on Ocean Science and Technology）成功举办，会议主题为"海洋科学与技术"，旨在推动中国与东盟国家在海洋领域的国际合作；2013年11月21—22日，首届中国-东盟海洋科技合作论坛在印度尼西亚巴厘岛举行，会议就制定未来10年内中国-东盟国家海洋合作计划达成共识。由此也反映出，东盟未来的海洋科技开放水平有较好发展前景[①][②]。

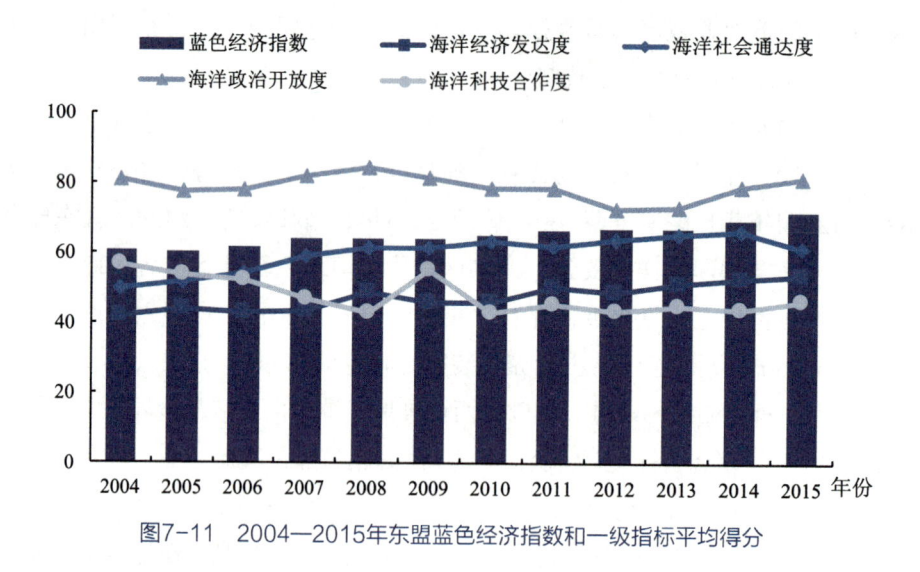

图7-11　2004—2015年东盟蓝色经济指数和一级指标平均得分

从东盟成员国得分来看，各成员国蓝色经济开放水平差距悬殊（见图7-12）。其中，新加坡、马来西亚和泰国历年蓝色经济指数得分均在全球平均值之上，菲律宾于2014年超过全球平均值，而印度尼西亚蓝色经济指数

[①] 郑伟. 中国东盟海洋科技合作深入拓展[N]. 中国海洋报, 2013-11-26(001).
[②] 刘晶, 车淼洁. 中国——东盟共探海洋科学与技术[J]. 国际学术动态, 2013(03):12-14.

得分长期处于全球平均水平之下。具体来看，新加坡蓝色经济开放程度处于全球领先地位，2004—2015年蓝色经济指数均为100分，稳居全球首位；马来西亚得分次之，2015年蓝色经济指数得分为81分，增长幅度为24.62%；泰国蓝色经济开放水平迅速提升，2015年蓝色经济指数得分为68分，2004—2015年相对增长30.77%，同时还可以发现，泰国蓝色经济指数得分与全球平均值的差距逐渐增大；菲律宾和印度尼西亚蓝色经济开放水平相对落后，菲律宾蓝色经济指数得分较高，年均增长速度为2.63%，增长幅度为32.00%，2014年得分超过全球平均值；印度尼西亚蓝色经济指数得分总体呈现上升趋势，但上升幅度较小，2015年蓝色经济指数得分为46分，相比于2004年，增长幅度为24.32%。

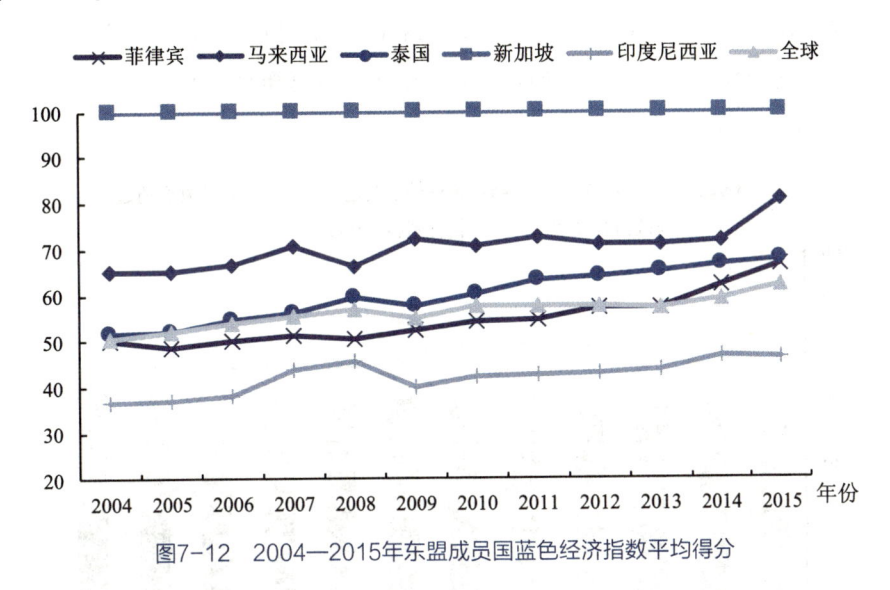

图7-12 2004—2015年东盟成员国蓝色经济指数平均得分

五、欧盟蓝色经济指数评估分析

欧洲联盟（European Union，EU），简称欧盟，现由28个成员国组成，其中有23个为沿海国家[①]。沿海地区承载了欧盟近一半的人口，创造了欧盟约

---

① 欧盟成员国中23个沿海国家为荷兰、爱尔兰、英国、丹麦、瑞典、比利时、法国、德国、爱沙尼亚、芬兰、克罗地亚、西班牙、希腊、葡萄牙、意大利、波兰、立陶宛、拉脱维亚、斯洛文尼亚、保加利亚、罗马尼亚、塞浦路斯和马耳他。

50%的GDP。欧盟75%的对外贸易和37%的对内贸易都与海洋息息相关[①]，以海洋为依托的经济活动为欧盟创造了巨大的经济价值，发展蓝色经济将是推动欧盟经济发展的重要战略举措。

总体来看，欧盟蓝色经济指数稳中有升，其得分由2004年的52分上升至2015年的64分，年均增长速度为1.62%，增长幅度为18.61%。从具体领域来看，海洋政治开放度得分最高，除2012年和2013年外，其余年份均保持在80以上；海洋社会通达度得分次之，大致经历了先上升后下降的变动过程，2004—2014年得分基本保持在65分以上，2015年得分为62分，略有下降。相比之下，海洋经济发达度和海洋科技合作度得分偏低，呈现交替增长局面，基本稳定在30分左右，由于欧洲沿海国家众多，各国实力差距悬殊，导致这两项指标得分总体较低（见图7-13）。综上可知，欧盟蓝色经济整体实力稳定，海洋政治基础坚实，海洋社会环境优良，但海洋经济和海洋科技开放水平仍需进一步提高。

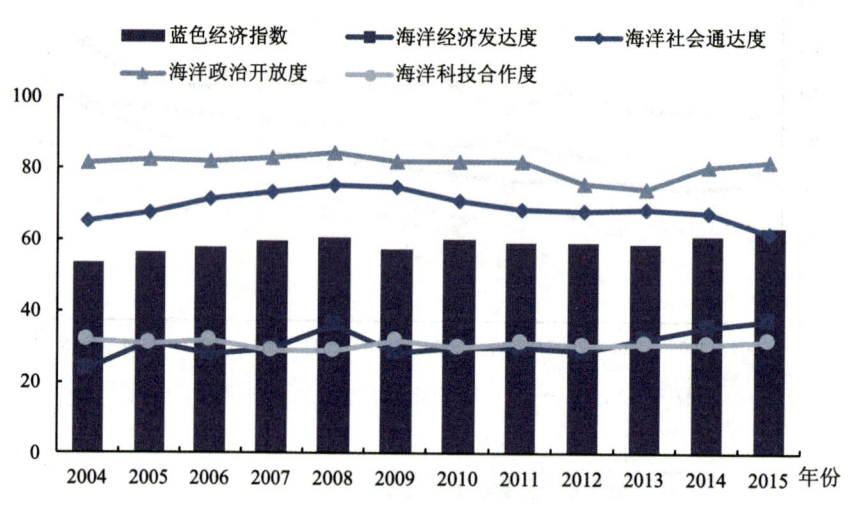

图7-13　2004—2015年欧盟蓝色经济指数和一级指标平均得分

欧盟各成员国蓝色经济开放水平差距明显（见图7-14）。荷兰蓝色经济指数得分为89分，远高于欧盟其他国家，爱尔兰和英国蓝色经济指数得分次之。纳入测算的国家中属于欧盟成员国的有21个，其中10个国家蓝色经济指

[①] Blue Growth opportunities for marine and maritime sustainable growth (2012):2-3.

数得分低于全球平均水平,这也是欧盟蓝色经济指数平均得分明显低于其余3个经济组织(或经济圈)的重要原因之一。

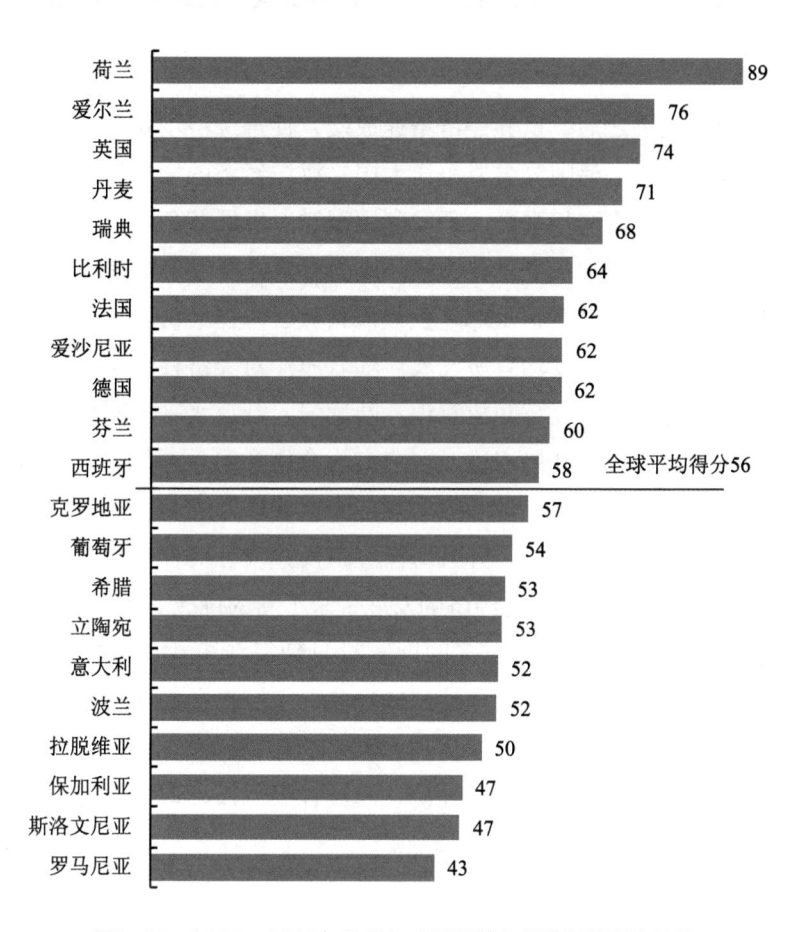

国家	得分
荷兰	89
爱尔兰	76
英国	74
丹麦	71
瑞典	68
比利时	64
法国	62
爱沙尼亚	62
德国	62
芬兰	60
西班牙	58
克罗地亚	57
葡萄牙	54
希腊	53
立陶宛	53
意大利	52
波兰	52
拉脱维亚	50
保加利亚	47
斯洛文尼亚	47
罗马尼亚	43

全球平均得分56

图7-14 2004—2015年欧盟各成员国蓝色经济指数平均得分

第八章 全球蓝色经济发展进步与展望

全球金融危机之后，世界经济增速放缓，促进经济增长的动力正逐渐转变，在中国、美国、韩国等主要海洋大国，海洋经济的增长均已超过国民经济和世界经济的平均增长水平。开发利用海洋、发展蓝色经济，已成为全球经济增长和国际竞争的一个重要领域，成为世界经济发展的热点和新趋势。

从历史发展趋势来看，全球蓝色经济指数、海洋经济发达度、海洋社会通达度和海洋政治开放度均有所发展。随着海洋对经济社会发展的重要性与日俱增，世界各国蓝色经济开放意识不断增强、开放水平不断提升、开放能力逐渐提高，有关各方开展双边、多边海洋合作意愿日渐加强，国际海洋合作迎来前所未有的新机遇。但不容乐观的是，全球海洋科技合作度得分处于低位水平且表现出下降趋势，并且海洋经济发达度和海洋科技合作度两项指标得分极不稳定，为未来蓝色经济的发展带来了新的挑战。

展望未来，将会有越来越多的国家投身到海洋事业发展的进程当中，蓝色经济发展会再上新台阶，预计到2020年，全球蓝色经济指数得分将达到65。在此背景下，世界各国应以更加开放、包容的心态，积极开展蓝色经济开放与合作，逐步推动全球海洋经济、海洋社会、海洋政治和海洋科技领域的发展，助力全球蓝色经济的新一轮腾飞。

一、蓝色经济发展机遇与挑战并存

（一）国际海洋合作迎来前所未有的新机遇

海洋是生命的摇篮、资源的宝库、风雨的故乡。"因海而兴、依海而强"是人类经济社会发展的主旋律，认识海洋、关心海洋、保护海洋和开发利用海洋也是人类未来实现可持续发展的主题。当前，世界主要海洋大国纷纷把维护国家海洋权益、发展海洋经济、保护海洋环境列为本国的重大发展战略，有关各方开展双边、多边海洋合作的意愿日渐增强，各国发展蓝色经济的意识由此上升到前所未有的高度，国际海洋合作也迎来了前所未有的新机遇。

（二）蓝色经济将成为推动世界经济发展的重要引擎

蓝色经济作为世界经济的重要组成部分，二者相互促进，相辅相成。对蓝色经济指数（BEI）和历年国内生产总值（GDP）总量进行Pearson相关性检验后发现（见表8-1），发现二者在99%水平上显著相关。此外，Pearson相关系数为0.905>0，可见蓝色经济指数和GDP存在显著的正相关关系。2004—2015年蓝色经济指数和GDP的散点图同样证明了上述结果（见图8-1）。

表8-1　全球蓝色经济指数和GDP的Pearson相关性检验

		BEI	GDP
BEI	Pearson相关性	1	0.905**
	显著性（双侧）		0.000
	N	12	12
GDP	Pearson相关性	0.905**	1
	显著性（双侧）	0.000	
	N	12	12

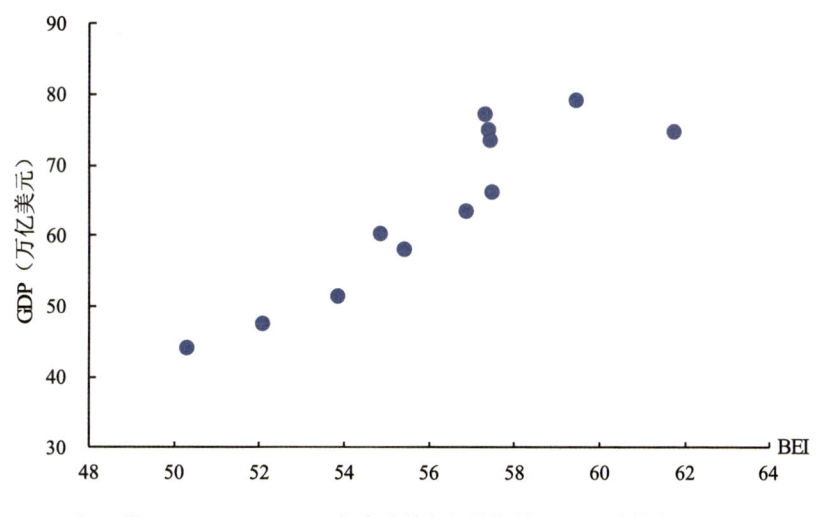

注：**在0.01水平（双侧）上显著相关。

图8-1　2004—2015年全球蓝色经济指数和GDP的散点图

从蓝色经济指数和GDP增长率来看，二者均表现出不同程度的波动（见表8-2和图8-2）。从变动幅度来看，GDP增长率的变动区间为（-6%，13%），蓝色经济指数增长率的变动区间为（-4%，5%），全球GDP的变动幅度明显高于蓝色经济指数。从变动方向来看，2005—2015年期间，GDP增长率和蓝色经济指数增长率走势表现出一定的趋同性，可见全球经济发展的水平和质量对蓝色经济开放有着重要影响。此外，自2011年以来，GDP增长率表现出逐年下降的趋势，但蓝色经济指数增长率却总体保持增长态势，这也反映出蓝色经济将是未来推动世界经济发展的重要引擎。

表8-2　2005—2015年全球蓝色经济指数和GDP增长率（%）

年份	BEI增长率	GDP增长率
2005	3.51	8.26
2006	3.39	8.27
2007	2.93	12.64
2008	2.60	9.68
2009	−3.53	−5.20
2010	4.78	9.68
2011	−0.11	11.13
2012	−0.03	2.13
2013	−0.14	2.84
2014	3.74	2.53
2015	3.79	−5.53

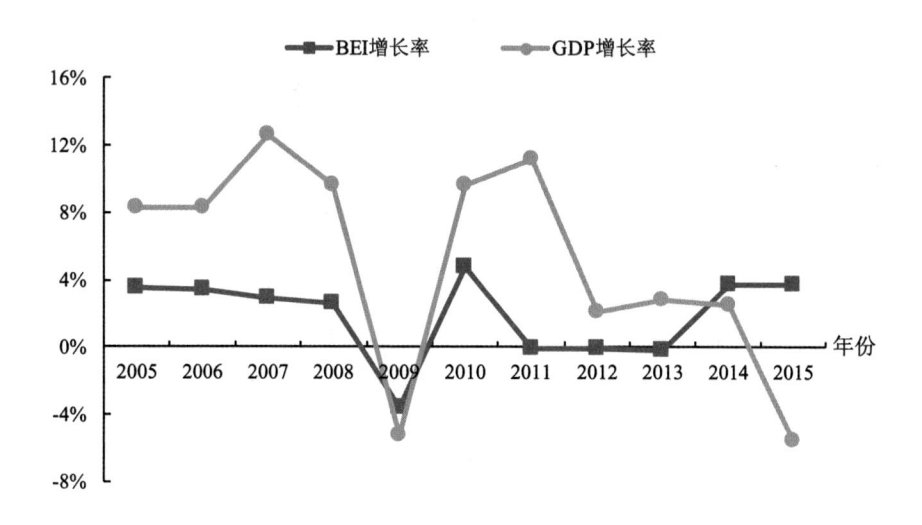

图8-2 2005—2015年GDP和蓝色经济指数增长率

(三) 蓝色经济发展存在潜在不稳定因素

图8-3反映了蓝色经济指数和4项一级指标增长率的变化趋势。可以发现，2005—2015年期间，蓝色经济指数得分变动区间为（-4%，5%），蓝色经济发展稳定性较强。从具体领域来看，海洋社会通达度和海洋政治开放度的增长幅度较为平稳，基本保持在（-10%，10%）内波动，可见全球蓝色经济开放的社会环境和政治基础相对稳定。但是，海洋经济发达度和海洋科技合作度增长率波动较大，其中海洋经济发达度得分变动区间为（-20%，30%），海洋科技合作度得分变动区间为（-20%，20%），由此反映出全球海洋经济和海洋科技开放的稳定性较差，将成为未来蓝色经济开放发展不确定性增强的潜在影响因素。

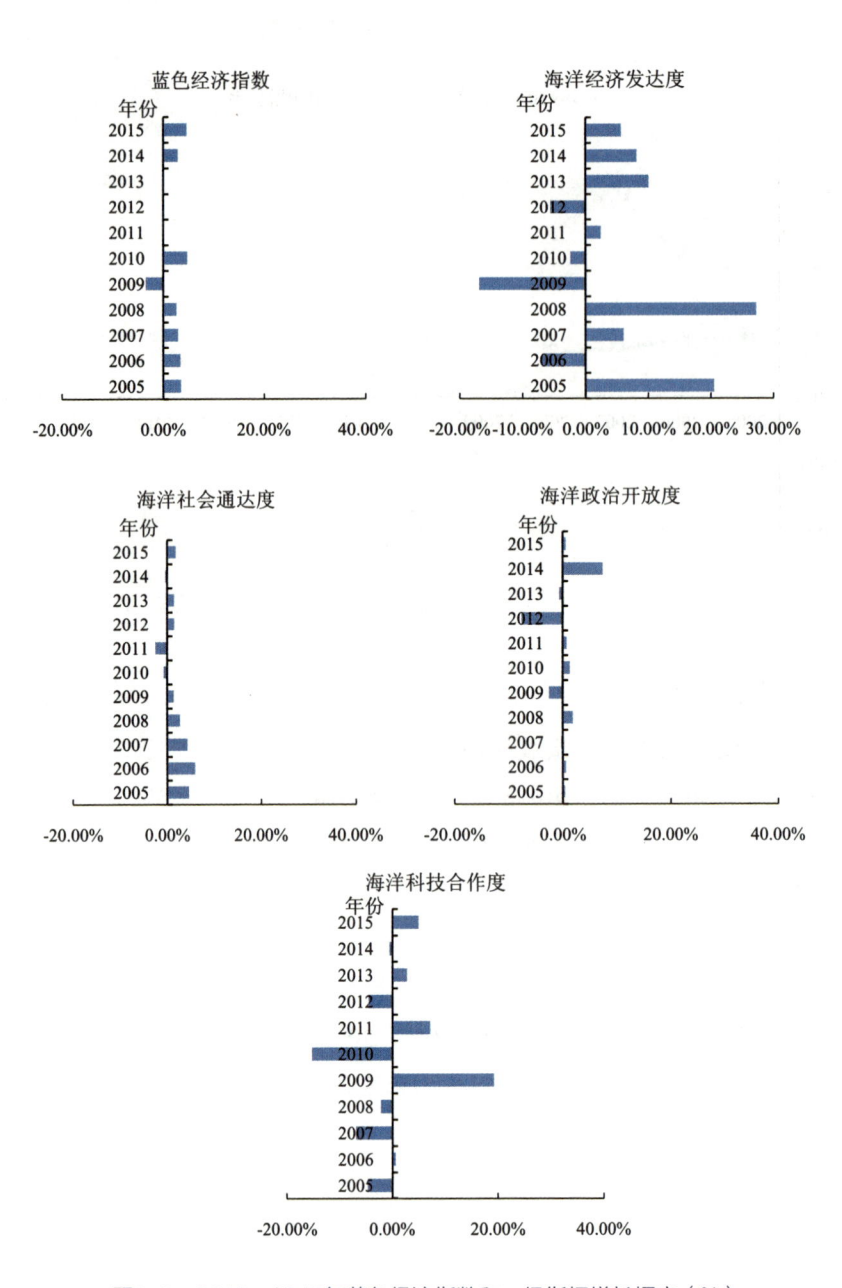

图8-3 2005—2015年蓝色经济指数和一级指标增长幅度（%）

二、全球蓝色经济发展前景广阔

本研究采用趋势外推法对全球蓝色经济指数进行预测。根据散点图（见图8-4）[①]，做出拟合回归线，发现线性形式（$y = 0.8066x + 50.962$，$R^2 = 0.8681$）和三次幂形式（$y = 0.0263x^3 - 0.5382x^2 + 3.912x + 46.597$，$R^2 = 0.951$）对于该组数据均具有较好的拟合效果。因此，分别用这两种方法对2016—2020年的全球蓝色经济指数进行预测，结果如图8-5所示。可以发现，三次幂函数在经历拐点之后呈现指数上升趋势，并且该拐点为2015年，考虑到蓝色经济发展的实际情况，本研究采用线性函数形式对2016—2020年的蓝色经济指数进行预测。

预测结果如表8-3所示，2016—2020年全球蓝色经济指数呈现稳步上升趋势，2020年指数得分预计会达到65分。由此可见，尽管蓝色经济开放将面临诸多机遇和挑战，但总体而言，未来全球蓝色经济开放仍面临广阔的发展前景和进步空间。

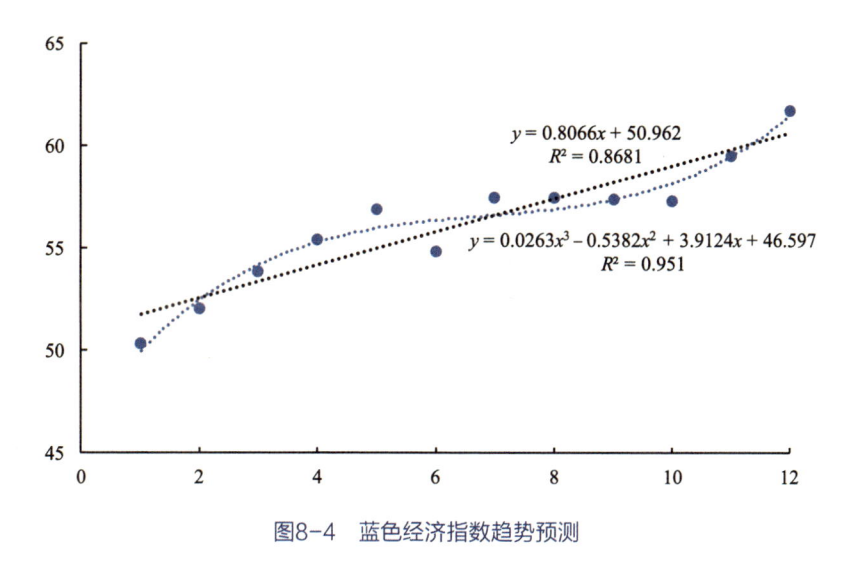

图8-4　蓝色经济指数趋势预测

[①] 为简化计算过程，横坐标以1～12代替2004—2015年，以此类推。

图8-5 蓝色经济指数得分预测结果

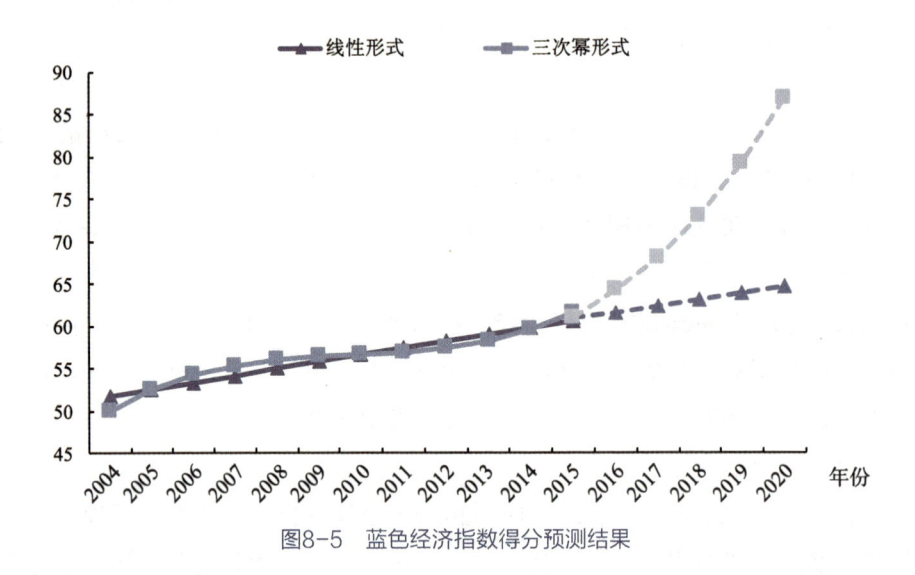

表8-3 2004-2020年蓝色经济指数原始结果和预测结果

年份	原始结果	预测结果	年份	原始结果	预测结果
2004	50	52	2013	57	59
2005	52	53	2014	59	60
2006	54	53	2015	62	61
2007	55	54	2016	—	61
2008	57	55	2017	—	62
2009	55	56	2018	—	63
2010	58	57	2019	—	64
2011	57	57	2020	—	65
2012	57	58			

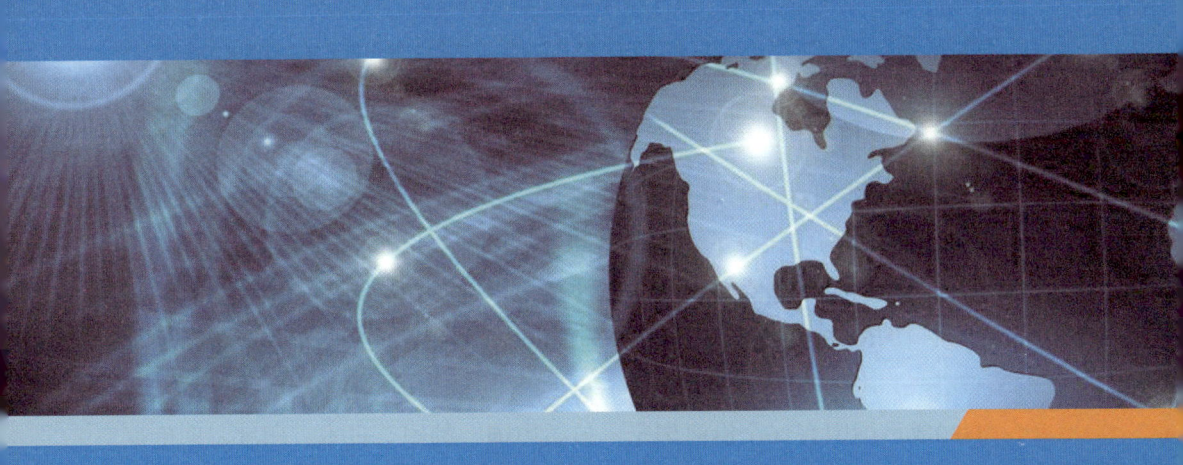

第三篇　专题研究

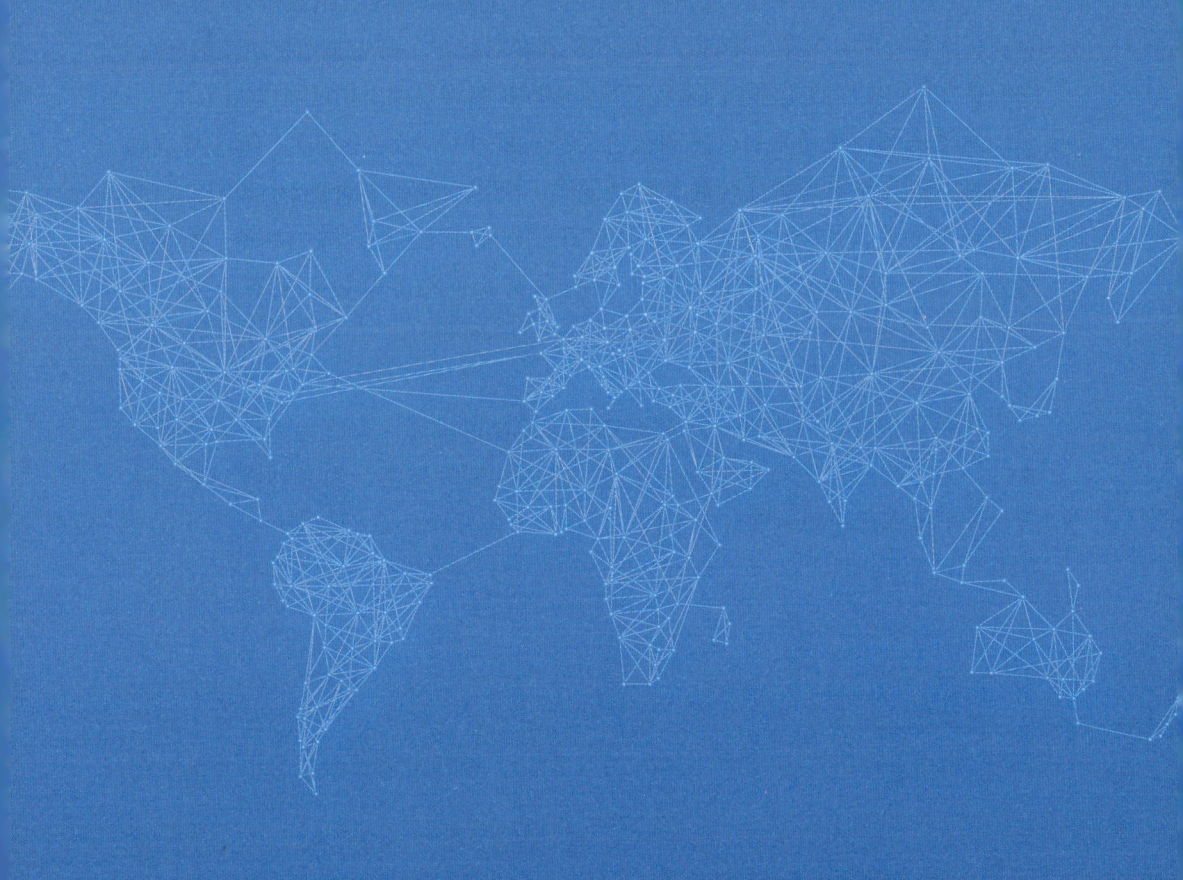

第九章　G20沿海国家蓝色经济发展专题分析

二十国集团（G20）是一个重要的国际经济合作论坛，其成员涵盖面广，代表性强，构成兼顾了发达国家和发展中国家以及不同地域利益平衡，这些国家的国内生产总值约占全球的85%，贸易额约占全球的80%，人口约占全球总人口的67%，国土面积约占全球的60%。G20已成为当前全球经济治理的新核心。

G20成员国中有16个沿海国家，包括中国、韩国、日本、印度、印度尼西亚、俄罗斯、英国、法国、德国、意大利、南非、澳大利亚、美国、加拿大、巴西和阿根廷。基于以上，本研究选取这16个国家为研究对象，分别从时序波动、梯次划分和海洋领域分析3个角度，分析其蓝色经济开放水平。

从时序波动视角来看，2004—2015年间，各国蓝色经济指数得分均有所上升。在排名方面，美国、中国、韩国和英国相对稳定，排名基本稳定在前4位；除加拿大和印度尼西亚两个国家外，其余国家排名均呈现出相对剧烈的波动。

从梯次划分视角来看，各国蓝色经济指数可划分为3个梯次。第Ⅰ梯次国家蓝色经济开放水平整体较高，包括美国、中国、英国和韩国4个国家；第Ⅱ梯次国家表现为中等程度的蓝色经济开放水平，包括日本、法国、德国、澳大利亚和加拿大5个国家；第Ⅲ梯次国家蓝色经济开放水平有待进一步提高，包括南非、意大利、俄罗斯、巴西、阿根廷、印度和印度尼西亚7个国家。

从海洋领域视角来看，蓝色经济开放旨在追求海洋经济发达、海洋社会通达、海洋政治开放和海洋科技先进，各国在海洋经济、海洋社会、海洋政治和海洋科技领域的表现各有不同。

一、时序波动

从蓝色经济指数得分来看，相比于2004年，2015年16个沿海国家的蓝色经济指数得分均有所上升（见表9-1）。其中，蓝色经济指数得分上升幅度在

10分以上的国家有中国、韩国、俄罗斯、阿根廷和印度5个国家，俄罗斯和韩国上升幅度最为显著，中国蓝色经济指数得分的上升幅度为13分；蓝色经济指数得分上升幅度在5分以上、10分以下的国家有美国、日本、法国、澳大利亚、加拿大、南非、巴西和印度尼西亚8个国家；蓝色经济指数得分上升幅度在5分以下的国家有英国、德国和意大利3个国家。

表9-1 2004—2015年16国蓝色经济指数得分情况

国家/年份	2004	2005	2006	2007	2008	2009	2010	2011	2012	2013	2014	2015
美国	76	79	80	79	77	77	75	74	75	75	78	82
中国	68	68	71	75	74	80	77	81	81	79	81	81
英国	72	77	77	74	75	78	73	72	70	70	71	73
韩国	64	64	66	72	72	71	73	75	75	78	79	80
日本	61	68	68	63	62	65	66	59	58	61	62	67
法国	58	60	62	63	63	60	64	63	61	62	63	67
德国	62	59	62	63	62	58	62	66	65	60	60	63
澳大利亚	58	57	61	63	62	57	62	63	60	63	69	64
加拿大	57	60	60	61	61	57	62	60	58	59	59	62
南非	43	47	49	56	59	49	49	58	57	56	61	62
意大利	49	50	52	58	57	51	53	52	51	50	50	52
俄罗斯	40	42	43	46	49	50	52	49	56	57	58	63
巴西	44	46	42	44	44	47	53	54	49	49	52	52
阿根廷	39	45	48	44	45	47	48	49	52	52	52	49
印度	39	39	41	42	42	43	44	51	50	46	53	52
印度尼西亚	37	37	38	44	45	40	42	42	43	44	48	46

从蓝色经济指数排名来看，16国蓝色经济指数存在不同的变化趋势（见表9-2）。美国蓝色经济指数处于高位水平，2010—2014年排名略有下滑，其余年份指数排名均为G20沿海国家首位；中国蓝色经济开放势头强劲，2009—2014年排名第1位，2015年下滑至第2位；韩国蓝色经济开放态势良好，指数排名呈现上升趋势，2011—2014年排名保持在第2位，2015年下滑一位；英国蓝色经济指数排名总体呈现下降趋势，自2011年以来，排名稳定在第4位；日本在2004—2015年间的指数波动幅度较大，相比于2004年，2015年蓝色经济

指数排名第5位，上升一位；法国蓝色经济指数排名略有上升，多数年份为第6位，蓝色经济发展稳中向好；2015年澳大利亚蓝色经济指数排名与2004年一致，但在此期间变动幅度较大，蓝色经济开放的稳定性较差；德国蓝色经济指数排名总体表现出下降态势，并且下降幅度明显，2015年排名第8位，蓝色经济开放优势逐渐衰退；加拿大蓝色经济指数排名在第7至第9位之间波动；南非蓝色经济指数排名同样表现出较为明显的波动，2015年排名第10位，略有上升；俄罗斯蓝色经济指数排名徘徊在第10至第14位之间，蓝色经济开放稳定性较差；意大利蓝色经济指数排名总体呈现下降趋势，2009—2014年间下降幅度尤为明显，2015年排名第12位；巴西蓝色经济指数排名波动较为剧烈，2014年为第13位，略有下降；印度蓝色经济开放水平相对落后，2015年排名为第14位，与2004年持平；与俄罗斯、巴西等国类似，阿根廷蓝色经济的稳定性同样较差，蓝色经济指数排名在第12至第15位之间波动；除2007年和2008年外，印度尼西亚蓝色经济指数排名均为第16位，蓝色经济发展明显落后。

总体来看，美国、中国、韩国和英国蓝色经济指数排名相对稳定，除2005年和2006年韩国指数排名下滑至第5位外，其余年份这4个国家排名均保持在前4位。相比之下，除加拿大和印度尼西亚两个国家外，其余国家蓝色经济指数排名均表现出明显波动。

表9-2　2004—2015年16国蓝色经济指数排名情况

排序	2004	2005	2006	2007	2008	2009	2010	2011	2012	2013	2014	2015
1	美	美	美	美	美	中	中	中	中	中	中	美
2	英	英	英	中	英	英	韩	韩	韩	韩	韩	中
3	中	日	中	英	中	美	英	美	美	美	美	韩
4	韩	中	日	韩	韩	韩	美	英	英	英	英	英
5	德	韩	韩	法	法	日	日	德	德	澳	澳	日
6	日	法	德	德	日	法	法	澳	法	法	法	法
7	澳	加	法	日	澳	德	德	法	澳	日	日	澳
8	法	德	澳	澳	德	加	澳	加	加	德	南	德
9	加	澳	加	加	加	澳	加	日	日	加	加	加
10	意	意	意	意	南	意	巴	南	南	俄	德	南
11	巴	南	南	南	意	俄	意	巴	俄	南	俄	俄

100

续表9-2

排序	2004	2005	2006	2007	2008	2009	2010	2011	2012	2013	2014	2015
12	南	巴	阿	俄	俄	南	俄	意	意	阿	印	意
13	俄	阿	俄	阿	印尼	巴	南	印	印	意	巴	巴
14	印	俄	巴	巴	阿	阿	阿	俄	巴	巴	阿	阿
15	阿	印	印	印尼	巴	印	巴	阿	阿	印	意	阿
16	印尼	印尼	印尼	印	印	印尼	印尼	印尼	印尼	印尼	印尼	印尼

二、梯次划分

运用SPSS软件对16个国家的蓝色经济指数平均得分进行聚类分析（谱系聚类图见附录八），结果显示，16国蓝色经济指数可划分为5个梯次，但为便于归纳和总结，本研究在此基础上对其稍作调整，划分成以下3个梯次（见图9-1）。其中，蓝色经济指数得分在70分（含）以上的国家为第Ⅰ梯次，包括美国、中国、英国和韩国4个国家；蓝色经济指数得分在70分以下、56分（含）以上的国家为第Ⅱ梯次，包括日本、法国、德国、澳大利亚和加拿大5个国家；蓝色经济指数得分在56分以下的国家为第Ⅲ梯次，包括南非、意大利、俄罗斯、巴西、阿根廷、印度和印度尼西亚7个国家。

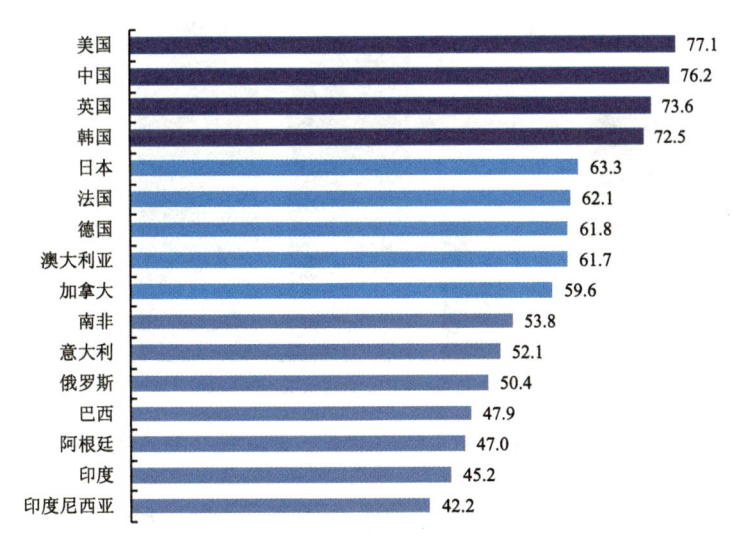

国家	得分
美国	77.1
中国	76.2
英国	73.6
韩国	72.5
日本	63.3
法国	62.1
德国	61.8
澳大利亚	61.7
加拿大	59.6
南非	53.8
意大利	52.1
俄罗斯	50.4
巴西	47.9
阿根廷	47.0
印度	45.2
印度尼西亚	42.2

图9-1　2004—2015年16国蓝色经济指数平均得分

美国、中国、英国和韩国4个国家处于蓝色经济指数测算的第Ⅰ梯次，该梯次国家蓝色经济开放水平整体较高（见表9-3和图9-2）。总体来看，4个国家的蓝色经济指数平均得分相差不大。其中，美国蓝色经济指数得分最高，在海洋社会、海洋政治和海洋科技3个领域表现突出；中国得分次之，在海洋社会和海洋政治方面的开放优势明显；英国和韩国的蓝色经济指数分列第3、第4位。对比来看，美国科技实力突出，海洋科技合作水平高；中国近年来发展蓝色经济的政策支持力度大，奠定了良好的发展基础，海洋政治开放优势明显；英国在海洋社会和海洋政治领域同样拥有着强劲的发展优势，且相较于中国更为显著；韩国则在海洋经济开放方面优势突出。

表9-3　第Ⅰ梯次国家蓝色经济指数和一级指标平均得分

国家/指标	蓝色经济指数	海洋经济发达度	海洋社会通达度	海洋政治开放度	海洋科技合作度
美国	77	24	88	82	84
中国	76	19	92	96	69
英国	74	28	93	97	47
韩国	73	42	83	82	54

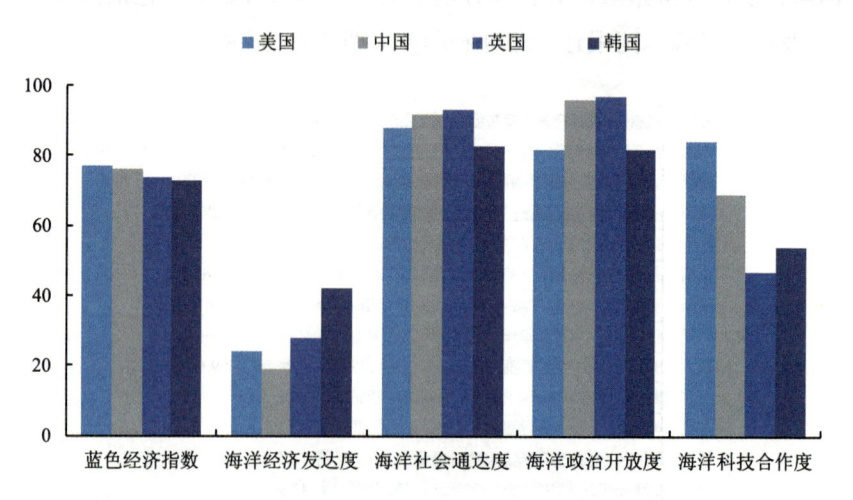

图9-2　第Ⅰ梯次国家蓝色经济指数和一级指标平均得分对比分析

位于蓝色经济指数第Ⅱ梯次的国家有日本、法国、德国、澳大利亚和加拿大5个国家，表现为中等程度的蓝色经济开放水平（见表9-4和图9-3）。

整体来看，5个国家蓝色经济指数得分相差不大，日本得分最高为63分，法国、德国和澳大利亚得分均为62分，加拿大得分为60分。第Ⅱ梯次国家各项指标得分整体处于中游水平，对比来看，日本和加拿大在海洋科技领域优势较为突出；法国和德国分别在海洋政治和海洋社会两个领域得分较高，与第Ⅰ梯次国家水平相当。

表9-4　第Ⅱ梯次国家蓝色经济指数和一级指标平均得分

国家/指标	蓝色经济指数	海洋经济发达度	海洋社会通达度	海洋政治开放度	海洋科技合作度
日本	63	22	77	83	46
法国	62	22	74	96	31
德国	62	17	88	82	34
澳大利亚	62	25	78	82	36
加拿大	59	28	64	77	45

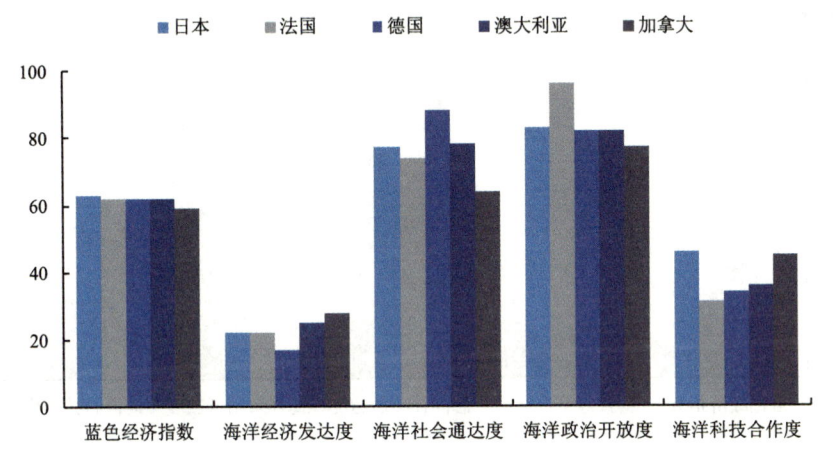

图9-3　第Ⅱ梯次国家蓝色经济指数和一级指标平均得分对比分析

位于蓝色经济指数第Ⅲ梯次的国家有南非、意大利、俄罗斯、巴西、阿根廷、印度尼西亚和印度7个国家，7国蓝色经济开放水平有待进一步提高（见表9-5和图9-4）。南非蓝色经济指数在第Ⅲ梯次中最高为53分，海洋政治开放优势突出；意大利蓝色经济指数略低于南非，得分为52分，在海洋社会和海洋政治领域合作广泛，海洋社会开放相对突出；俄罗斯、巴西和阿根廷蓝色经济指数得分相差不大；印度和印度尼西亚蓝色经济发展和各领域的

表现特征较为相似,蓝色经济实力最为薄弱,主要原因在于两个国家的海洋社会通达度得分极低。

表9-5 第Ⅲ梯次国家蓝色经济指数和一级指标平均得分

国家/指标	蓝色经济指数	海洋经济发达度	海洋社会通达度	海洋政治开放度	海洋科技合作度
南非	54	42	53	82	15
意大利	52	15	77	78	17
俄罗斯	50	19	63	77	22
巴西	48	14	53	77	28
阿根廷	47	9	62	77	22
印度	45	22	30	81	27
印度尼西亚	42	17	37	78	19

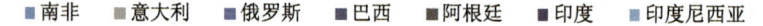

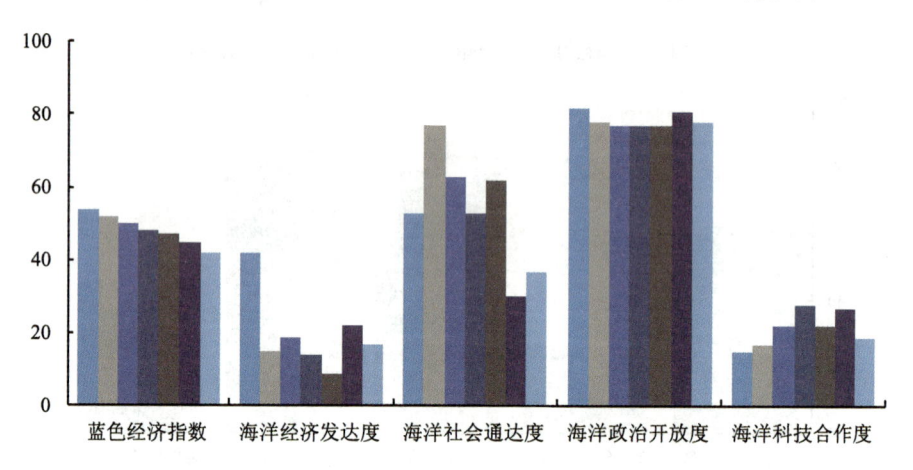

图9-4 第Ⅲ梯次国家蓝色经济指数和一级指标平均得分对比分析

三、领域分析

蓝色经济开放旨在追求海洋经济发达、海洋社会通达、海洋政治开放和海洋科技先进,16国在不同领域的表现有所差异,具体如下。

(一)海洋经济发达度分析

海洋经济发达度方面,南非得分最高,而中国表现较弱(见图9-5)。

具体来看，海洋贸易领域，韩国的表现尤为突出，得分居16个国家之首；而其他国家该领域得分则分布在5~20分之间，说明各国海洋贸易差异较大。值得注意的是，第Ⅰ梯次国家（除韩国）海洋贸易开放指数普遍偏低，而第Ⅱ、第Ⅲ梯次国家此项得分整体较高。由于该指标侧重渔业产品和船舶结构等方面，第Ⅱ、第Ⅲ梯次国家更注重对传统海洋产品的贸易，而对外开放程度较高的国家侧重于较高级产品的贸易，对传统海洋产品自给能力较强，因而第Ⅰ梯次国家的海洋贸易开放指数相对较低。

资本流通方面，第Ⅰ、Ⅱ梯次国家得分整体较高，第Ⅲ梯次国家得分相对较低，但南非得分突出，主要原因在于南非的资源优势提高了其吸引外资的能力，因此相较于其经济总量而言，南非的外资比例较高，这也是南非海洋经济发达度较高的原因。第Ⅲ梯次中，经济总量相对较少的印度尼西亚、印度和巴西的资本流通得分较高，说明这3个国家对外资的依赖程度高，而经济总量较高的俄罗斯、意大利和阿根廷得分则较低，资金自给能力较强。

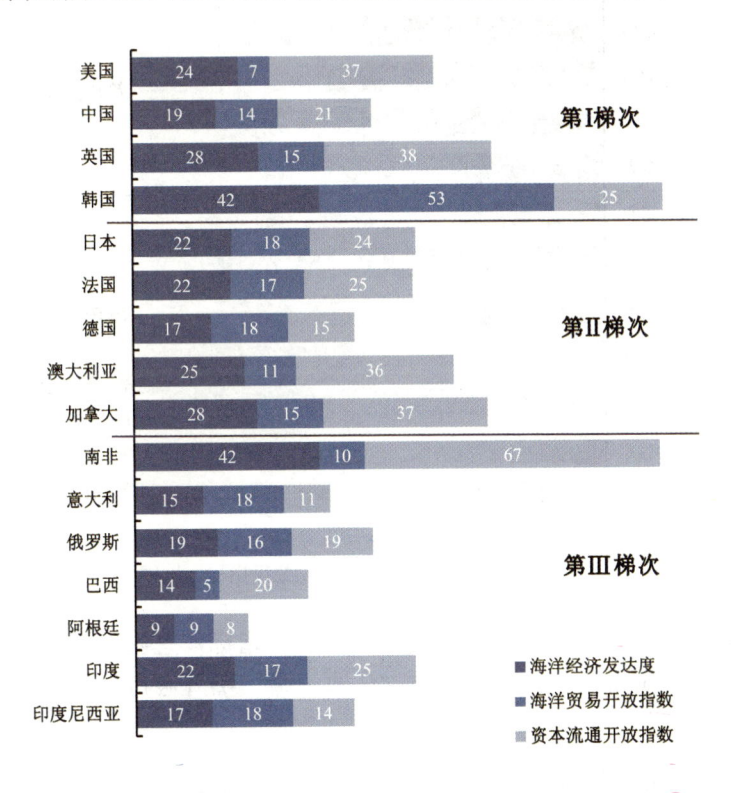

图9-5　16国海洋经济发达度和二级指标平均得分

（二）海洋社会通达度分析

第Ⅰ梯次国家的海洋社会通达度得分普遍较高，第Ⅱ、Ⅲ梯次中的欧洲和南美洲国家得分较高（见图9-6）。在海上交通方面，中国处于领先地位，中国港口和航运业都十分发达，2016年在全球集装箱港口100强排名中，中国共有22个港口上榜，且前10名中占据7席[①]。此外，经济发达国家交通便捷程度更高，而加拿大、俄罗斯等国处于高纬度地区，港口条件欠缺，一定程度上阻碍了海上交通的发展。

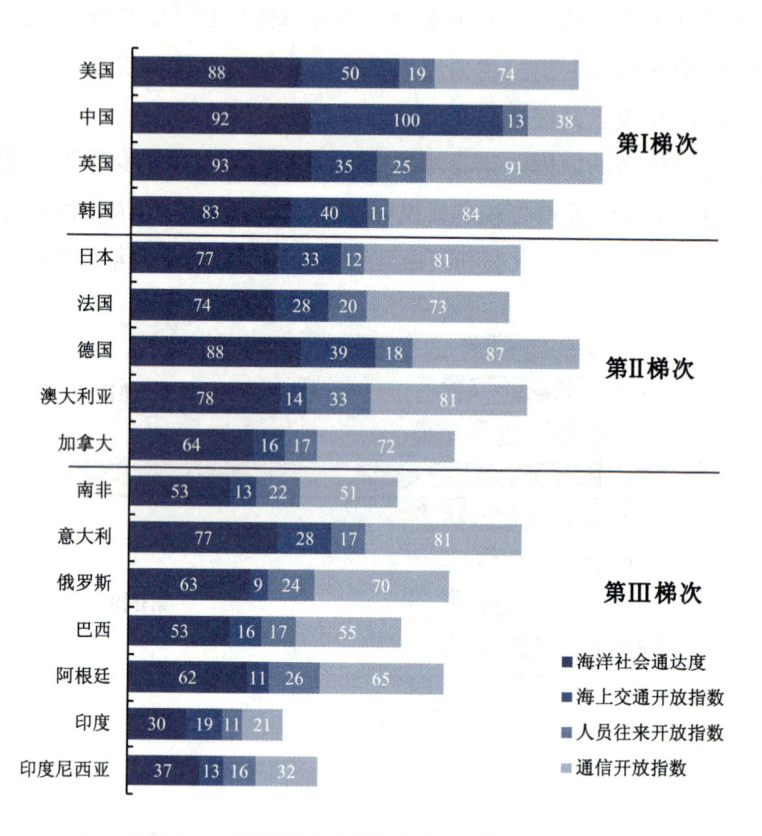

国家	海洋社会通达度	海上交通开放指数	人员往来开放指数	通信开放指数	梯次
美国	88	50	19	74	第Ⅰ梯次
中国	92	100	13	38	第Ⅰ梯次
英国	93	35	25	91	第Ⅰ梯次
韩国	83	40	11	84	第Ⅰ梯次
日本	77	33	12	81	第Ⅱ梯次
法国	74	28	20	73	第Ⅱ梯次
德国	88	39	18	87	第Ⅱ梯次
澳大利亚	78	14	33	81	第Ⅱ梯次
加拿大	64	16	17	72	第Ⅱ梯次
南非	53	13	22	51	第Ⅲ梯次
意大利	77	28	17	81	第Ⅲ梯次
俄罗斯	63	9	24	70	第Ⅲ梯次
巴西	53	16	17	55	第Ⅲ梯次
阿根廷	62	11	26	65	第Ⅲ梯次
印度	30	19	11	21	第Ⅲ梯次
印度尼西亚	37	13	16	32	第Ⅲ梯次

图9-6 16国海洋社会通达度和二级指标平均得分

人员往来方面，澳大利亚得分最高。由于指标设置侧重于国际旅游人员往来，澳大利亚发达的旅游业促进了人员交流，为其蓝色经济发展创造了巨

---

① 中商情报网.[EB/OL]. http://www.askci.com/news/chanye/20160905/10252359598.shtml, 2016-09-05.

大需求。日本、韩国、印度等国得分偏低,人员往来相对较少。中国此项指标得分处于较低水平,有待进一步提高。

通信开放方面,英国、德国等国优势明显。相比而言,中国通信开放水平偏低,在16个国家中为倒数第3位,原因在于中国人口基数大且农村人口众多,通信设施普及较慢,人口众多的印度同样如此。

(三)海洋政治开放度分析

相比之下,3个梯次国家的海洋政治开放度得分略高于海洋社会通达度,且各国得分相差不大(见图9-7)。在国家政策方面,除韩国外,第Ⅰ梯次国家得分较高,说明蓝色经济发展一定程度上对国家政策有所依赖。在国家安全方面,各国得分差距不大,可见各国维护国家安全和海洋权益的意识较强。但是,美国该项指标平均得分仅为50分,主要是因为其"武器进口依存度"得分极低。

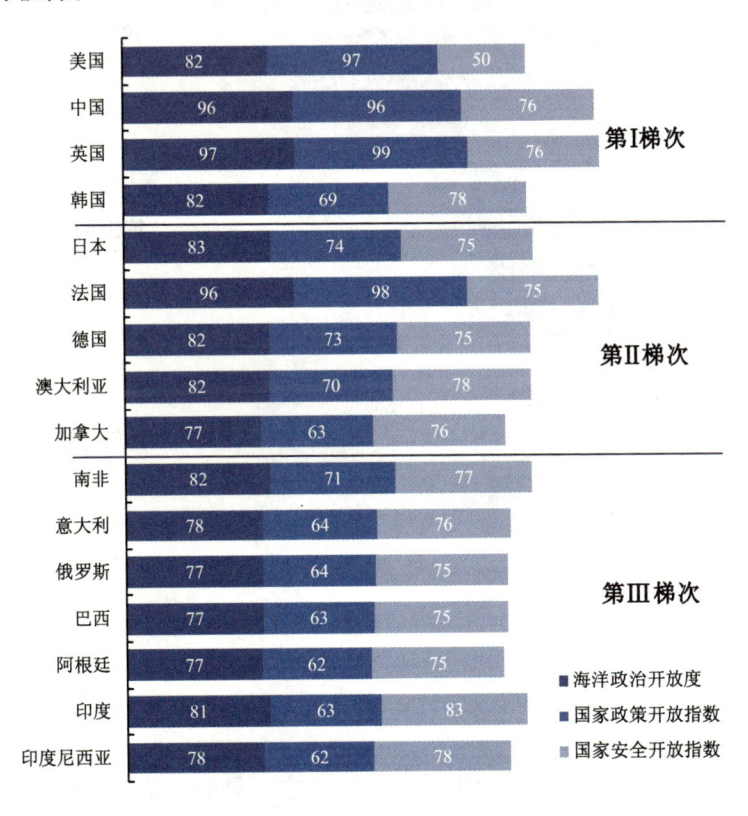

国家	海洋政治开放度	国家政策开放指数	国家安全开放指数	梯次
美国	82	97	50	第Ⅰ梯次
中国	96	96	76	第Ⅰ梯次
英国	97	99	76	第Ⅰ梯次
韩国	82	69	78	第Ⅰ梯次
日本	83	74	75	第Ⅱ梯次
法国	96	98	75	第Ⅱ梯次
德国	82	73	75	第Ⅱ梯次
澳大利亚	82	70	78	第Ⅱ梯次
加拿大	77	63	76	第Ⅱ梯次
南非	82	71	77	第Ⅲ梯次
意大利	78	64	76	第Ⅲ梯次
俄罗斯	77	64	75	第Ⅲ梯次
巴西	77	63	75	第Ⅲ梯次
阿根廷	77	62	75	第Ⅲ梯次
印度	81	63	83	第Ⅲ梯次
印度尼西亚	78	62	78	第Ⅲ梯次

图9-7 16国海洋政治开放度和二级指标平均得分

（四）海洋科技合作度分析

海洋科技合作度方面，第Ⅰ梯次国家得分优势明显（见图9-8）。就科技产品而言，中国处于领先地位，不仅本国对高科技产品的需求旺盛，中国制造更是遍布全球，形成了科技产品贸易繁荣的局面。韩国此项指标得分同样较高，该国拥有三星、LG等知名电子品牌，推动了科技产品的贸易往来。

科技资金方面，美国、英国得分领先。美国科技实力强劲，自主研发能力较强，在获取知识产权使用费方面具有优势；英国在支付知识产权使用费方面表现突出，说明该国对于科技产品的需求较大，促进了其海洋科技开放程度的提高。中国此项指标得分很低，排名处于倒数，也客观反映出中国维护知识产权意识相对薄弱。

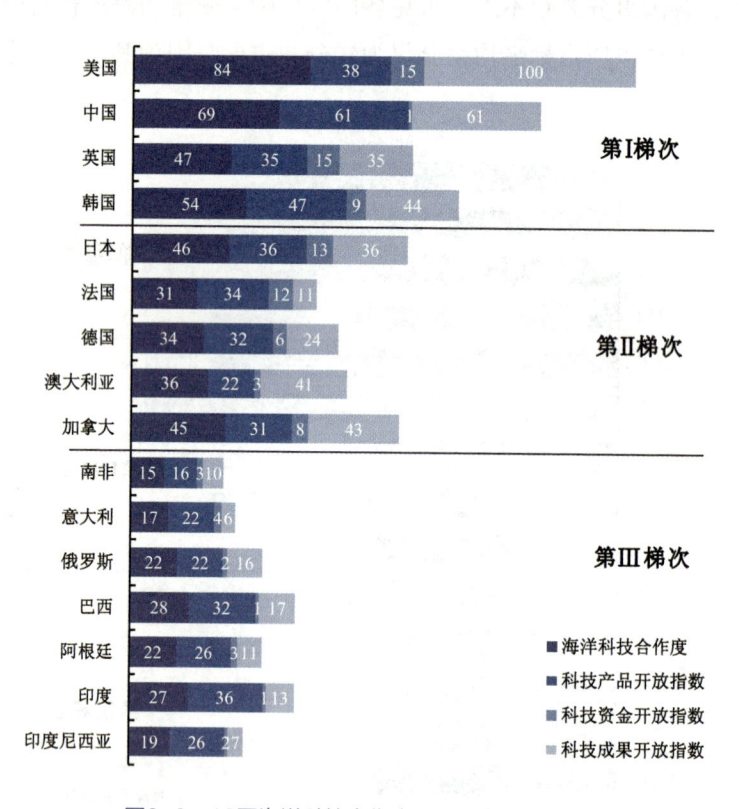

图9-8　16国海洋科技合作度和二级指标平均得分

科技成果方面，美国实力突出，中国次之。显而易见，美国无论是在自主研发还是合作研发中都具有强劲的实力。中国近年来对于科技创新极为重视，海洋科技国际化局面日益开阔，"十二五"期间我国海洋科技进步贡献率达60%[①]，海洋科技发展初见成效。

四、结语

全球正迎来蓝色经济发展的热潮，为各国提供了无限的进步空间，同时也提出了更大的挑战。中国作为海洋大国，正致力于向海洋强国迈进。顺应世界发展潮流，发展海洋经济发达、海洋社会通达、海洋政治开放、海洋科技先进的蓝色经济，方能在国际海洋舞台展现强国风采，掌握国际海洋话语权。

---

① "十二五"海洋科技创新地位提高成效显著[N]. 中国海洋报, 2016-12-14 (002).

第十章 "一带一路"沿线国家蓝色经济发展专题分析

"一带一路"（The Belt and Road）是"丝绸之路经济带"和"21世纪海上丝绸之路"的简称，是由中国国家主席习近平倡议的，旨在借用古代"丝绸之路"的历史符号，高举和平发展的旗帜，积极发展与沿线国家的经济合作伙伴关系，共同打造政治互信、经济融合、文化包容的利益共同体、命运共同体和责任共同体。"一带一路"将充分依靠中国与有关国家既有的双多边机制，借助既有的、行之有效的区域合作平台，通过"东出海"与"西挺进"，使中国与周边国家形成"五通"，以经贸合作为基石，在通路、通航的基础上通商，形成和平与发展的新常态。

蓝色经济是典型的外向型经济，"一带一路"战略的实施为我国蓝色经济开放提供了巨大的发展契机，为我国沿海地区的经济发展开拓了新空间，也使我国与沿线国家的蓝色经济合作关系更具建设性和丰富性。因此，明确"一带一路"沿线国家蓝色经济开放水平与发展需求，对拓宽我国与沿线国家的合作发展之路意义非凡，基于此，本研究对"一带一路"沿线国家的蓝色经济开放水平进行专题分析。纳入蓝色经济指数测算的国家共有51个，其中有24个国家属于"一带一路"沿线国家[①]，根据各国地理区位，本章将其分为东盟、南亚、西亚、欧洲和独联体国家进行分类讨论。

一、东盟五国

纳入蓝色经济指数测算的国家中属于东盟成员国的有新加坡、马来西

---

① 本章涉及的"一带一路"沿线国家有24个，包括：新加坡、马来西亚、印度尼西亚、泰国、菲律宾、印度、巴基斯坦、孟加拉国、以色列、黎巴嫩、埃及、爱沙尼亚、阿尔巴尼亚、克罗地亚、波兰、立陶宛、拉脱维亚、斯洛文尼亚、保加利亚、罗马尼亚、希腊、俄罗斯、乌克兰和格鲁吉亚。

亚、印度尼西亚、泰国、菲律宾、文莱、越南、老挝、缅甸和柬埔寨10个国家，其中属于"一带一路"沿线国家的有新加坡、马来西亚、印度尼西亚、泰国和菲律宾5个国家。

（一）新加坡

新加坡（The Republic of Singapore）是亚洲发达的资本主义国家，被誉为"亚洲四小龙"之一。根据2014年的全球金融中心指数（Global Finance Center Index，GFCI）排名报告，新加坡是继纽约、伦敦、香港之后的第4大国际金融中心，也是亚洲重要的服务和航运中心之一。新加坡国土面积仅有719.1平方千米，2015年总人口约为553.5万，国内生产总值约为2927亿美元，人均GDP约为52888美元，为高收入国家。新加坡属于外向型经济体，其进出口总额为GDP的4倍左右，是全球国际化程度较高的国家。中新两国自建交以来，双边经贸合作发展迅猛。新加坡开放的贸易与投资环境为其作为中国企业"走出去"的平台提供了巨大的优势，目前中新两国已建立了3个副总理级的经贸合作机制。此外，新加坡也是中国建设"一带一路"，特别是"21世纪海上丝绸之路"的重要战略支点之一，双方开展蓝色经济合作的前景十分广阔。

新加坡蓝色经济发展瞩目，2004—2015年蓝色经济指数得分均为100分，稳居全球首位。从各指标来看，4项指标得分均处于高位水平，海洋经济发达度和海洋政治开放度两项指标稳定性较强。其中，海洋经济发达度历年得分均保持为100分，便利的港口贸易和高度发达的金融服务业为新加坡海洋经济开放提供了长久动力；2004—2014年海洋社会通达度得分均稳定在85分以上，但2015年该项指标得分下降至79分，下降幅度达12.22%；海洋政治开放度得分大致经历了先上升后下降的变化过程，2015年得分为83分，下降幅度约为4.60%；相比之下，海洋科技合作度下滑趋势最为明显，2004年得分为100分，2015年下降至76分，下降幅度为24.00%。总体而言，新加坡海洋经济发达度处于全球领先地位，但海洋社会、海洋政治和海洋科技领域的发展优势略有衰退，但不可否认，新加坡蓝色经济开放水平仍稳居全球前列。

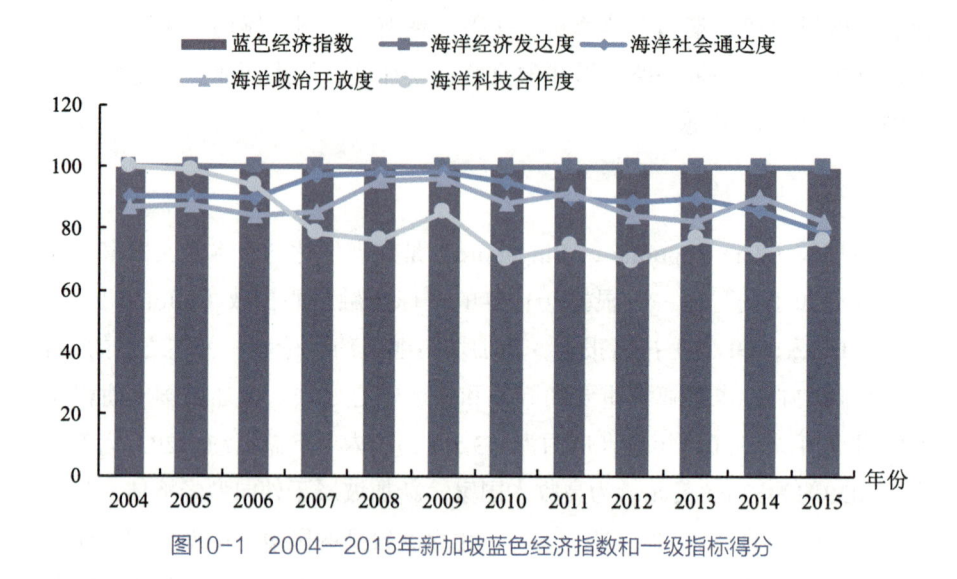

图10-1 2004—2015年新加坡蓝色经济指数和一级指标得分

（二）马来西亚

马来西亚（Malaysia）地处亚欧板块最南端，国土面积约为33万平方千米，2015年总人口约为3033万，国内生产总值达2962亿美元，人均GDP约为9766美元。马来西亚对"21世纪海上丝绸之路"战略的响应程度高，是"21世纪海上丝绸之路"的必经之地和重要节点国家。中马两国于2009年签署了《中华人民共和国政府与马来西亚政府海洋科技合作协议》，为双方蓝色经济相关领域合作提供了良好的平台。

马来西亚蓝色经济指数平均得分为70分，排名第9位，蓝色经济开放水平呈现稳步上升态势。2015年蓝色经济指数得分为81分，全球排名第5位，2004—2015年增长幅度为24.62%。从具体领域来看，海洋经济发达度、海洋社会通达度和海洋政治开放度得分均有所上升，但海洋科技合作度得分略有下滑。其中，前3项指标的增长幅度分别为13.95%、18.75%和28.21%。2015年马来西亚海洋政治开放度得分上升至100分，原因是2015—2016年马来西亚担任联合国安全理事会成员国。自2012年以来，海洋科技合作度得分稳定在48分左右，2015年该指标得分为48分，相较于2004年，下降幅度为20.00%。

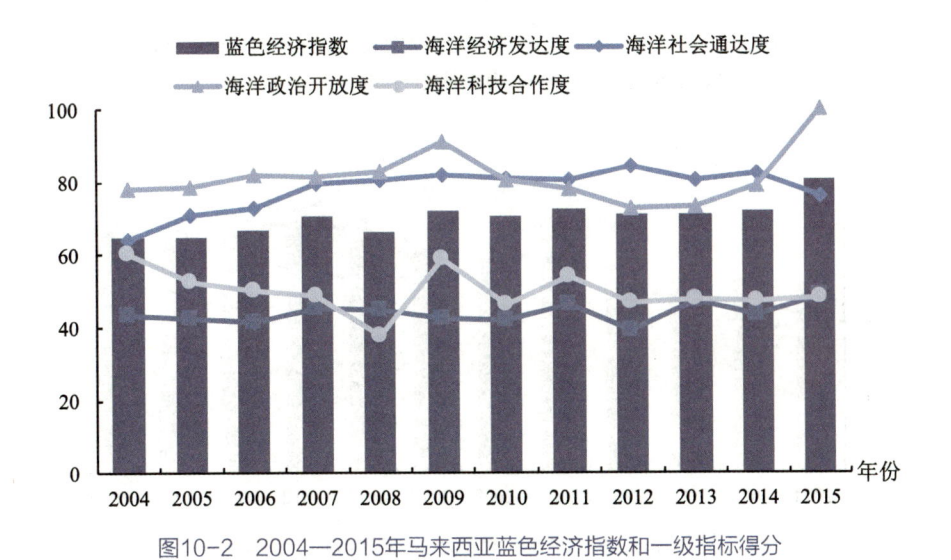

图10-2 2004—2015年马来西亚蓝色经济指数和一级指标得分

（三）泰国

泰国（The Kingdom of Thailand），东南亚国家，位于中南半岛中南部，国土面积约为51.3万平方千米。2015年泰国总人口约为6796万，国内生产总值约为3953亿美元，人均GDP约为5186美元。泰国奉行独立自主的外交政策，重视周边外交，积极发展睦邻友好关系，维持大国平衡。2012—2015年，泰国担任中国—东盟关系协调国，积极推进东盟一体化和中国—东盟自贸区建设，支持东盟与中日韩合作。同时，中泰两国一直保持良好的海洋和极地科考合作，如设立中泰气候与海洋生态联合实验室、南海和安达曼海洋环境检测与预报系统等。此外，中国筹划在泰国开通克拉运河，对进一步加强两国友好合作关系具有重要的战略意义。

泰国蓝色经济指数平均得分为60分，排名第18位，处于中上游水平。2015年蓝色经济指数得分为68分，相比于2004年的52分，相对增长30.77%。海洋经济发达度上升趋势明显，得分由2004年的41分上升至2015年的69分，增长幅度高达68.29%；海洋社会通达度得分同样表现出上升态势，增长幅度为37.50%；海洋政治开放度得分相对稳定，除2012年和2013年外，其余年份得分均保持在75分以上；海洋科技合作度得分最低，并且得分有所下滑，2015年得分为30分，与2004年相比，下降幅度约为21.05%。

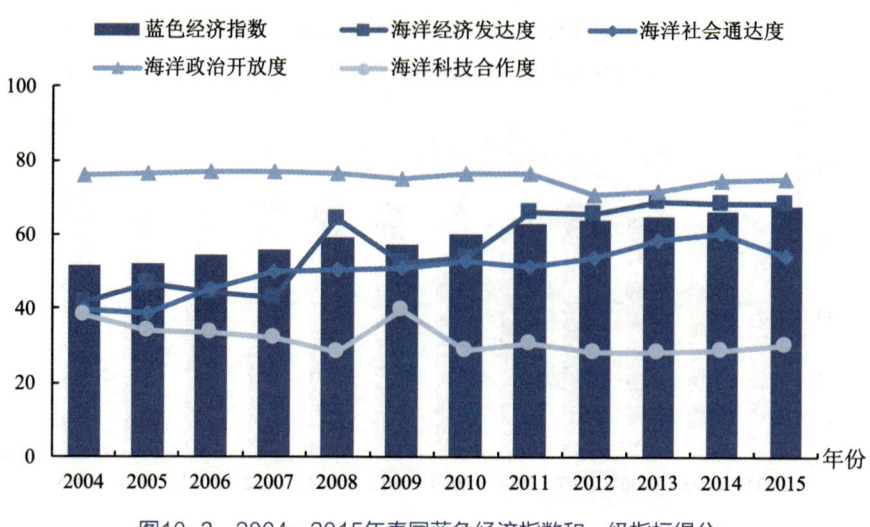

图10-3　2004—2015年泰国蓝色经济指数和一级指标得分

（四）菲律宾

菲律宾（The Republic of the Philippines）位于亚洲东南部，国土面积约为29.97万平方千米。2015年菲律宾总人口约为1.007亿，国内生产总值约为2920亿美元，人均GDP约为2899美元。

菲律宾蓝色经济指数平均得分为55分，排名第24位。2004—2015年间，菲律宾蓝色经济指数稳步上升，其得分由2004年的50分上升至2015年的66分，增长幅度达32.00%；从不同海洋领域来看，海洋经济发达度和海洋社会通达度得分均表现出稳步上升态势，两项指标的增长幅度分别为200.00%和92.86%，发展态势良好；除2004年外，其余年份海洋政治开放度得分稳定在70分左右，2015年该项指标得分为75分；海洋科技合作度得分波动较大，2015年得分为63分，相较于2004年略有上升。

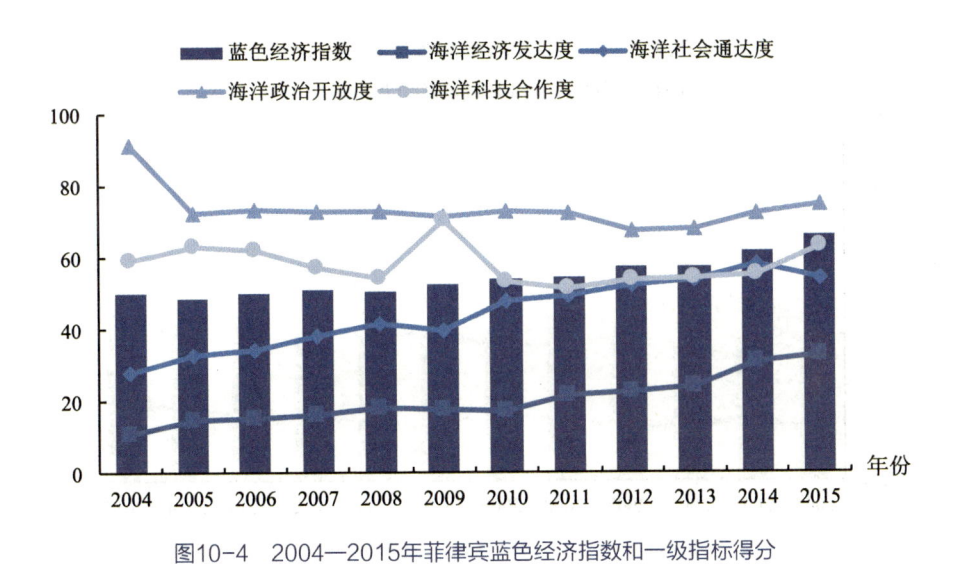

图10-4 2004—2015年菲律宾蓝色经济指数和一级指标得分

（五）印度尼西亚

印度尼西亚（The Republic of Indonesia），国土面积约为190万平方千米，2015年总人口约为2.58亿，是世界第四人口大国。同时，印度尼西亚是东南亚国家联盟最大的经济体，2015年国内生产总值约为8619亿美元，人均GDP约为3346美元。近年来，中国与印度尼西亚经贸合作频繁，根据《2015年"一带一路"沿线国家五通指数报告》显示，印度尼西亚在63个国家和地区中排名第5位。此外，印度尼西亚政府于2014年提出了"全球海洋支点"战略，这与我国倡议的"一带一路"战略有很多合作空间，特别是双方都重视发展海上互联互通。

印度尼西亚蓝色经济指数平均得分为42分，排名第46位，在东盟国家中得分最低，蓝色经济开放程度较为落后。2015年印度尼西亚蓝色经济指数得分为46分，相比于2004年的37分，增长幅度为24.32%。从具体领域来看，印度尼西亚海洋政治开放度得分最高，除2007年和2008年外，其余年份得分均较为稳定；海洋社会通达度得分由2004年的27分上升至2015年的45分，增长幅度高达66.67%；海洋经济发达度和海洋科技合作度较为接近，两项指标历年得分均在20分左右波动。

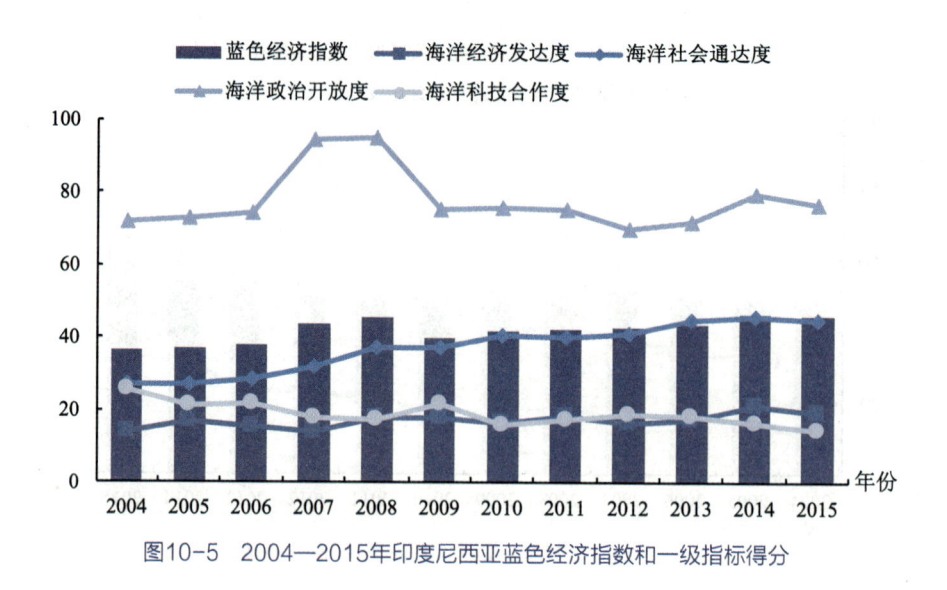

图10-5 2004—2015年印度尼西亚蓝色经济指数和一级指标得分

二、南亚三国

纳入蓝色经济指数测算的国家中属于南亚地区的有印度、巴基斯坦和孟加拉国3个国家，均属于"一带一路"沿线国家。

（一）印度

印度（The Republic of India）是南亚次大陆最大的国家，国土面积约为298万平方千米（不包括中印边境印占区和克什米尔印度实际控制区等）。2015年印度总人口约为13.11亿，居世界第2位，国内生产总值约为2.07万亿美元，人均GDP约为1581美元。

印度蓝色经济指数平均得分为45分，排名第41位。印度蓝色经济指数得分上升趋势较为明显，2015年得分为52分，相比于2004年，增长幅度约为33.33%；从不同海洋领域来看，海洋经济发达度、海洋社会通达度和海洋科技合作度均处于低位水平，3项指标得分均未超过50分。其中，海洋经济发达度和海洋科技合作度波动剧烈，海洋社会通达度上升趋势显著。相比之下，除2011年和2012年得分骤增之外，其余年份海洋政治开放度均较为稳定。

图10-6　2004—2015年印度蓝色经济指数和一级指标得分

（二）巴基斯坦

巴基斯坦（Islamic Republic of Pakistan）位于南亚次大陆西北部，国土面积约为79.61平方千米（不包括巴控克什米尔地区）。2015年巴基斯坦总人口约为1.89亿，国内生产总值约为2700亿美元，人均GDP约为1430美元。中巴两国自建交以来一直保持良好的外交关系。2015年是中巴双方商定的"中巴友好交流年"，同年两国签署了《中华人民共和国和巴基斯坦伊斯兰共和国建立全天候战略合作伙伴关系的联合声明》。目前，中国援建巴基斯坦的瓜达尔港正式开港，两国签署了经营瓜达尔港的40年协议，该港对于中国的能源安全以及"21世纪海上丝绸之路"建设具有重要意义。

巴基斯坦蓝色经济指数平均得分为37分，排名第49位。总体来看，2004—2015年巴基斯坦蓝色经济指数处于波动状态，2015年得分为38分，与2004年得分持平。与印度类似，巴基斯坦的海洋经济发达度、海洋社会通达度和海洋科技合作度得分同样处于低位水平。其中，海洋经济发达度和海洋科技合作度在4项指标中得分最低，两项指标得分基本持平；海洋社会通达度略有上升，2015年得分为29分。相比之下，海洋政治开放度得分最高，但波动较为剧烈，2015年该指标得分为81分。

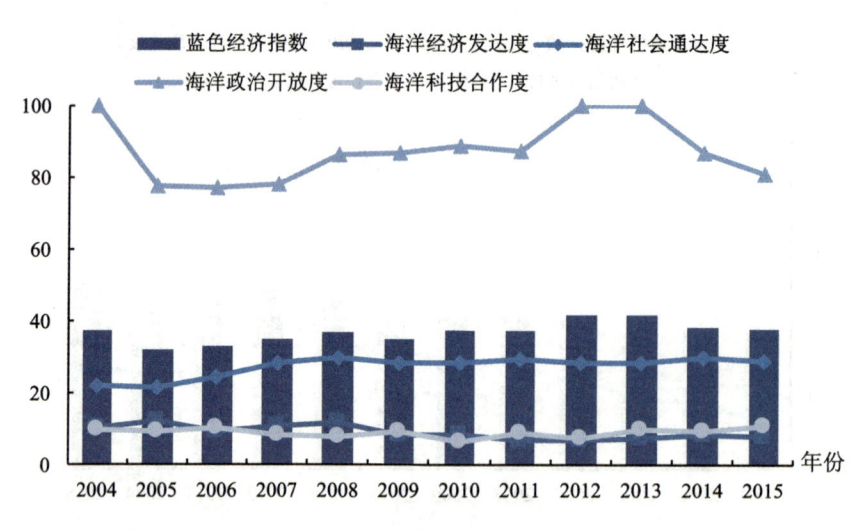

图10-7 2004—2015年巴基斯坦蓝色经济指数和一级指标得分

（三）孟加拉国

孟加拉国（People's Republic of Bangladesh）位于南亚次大陆东北部的恒河和布拉马普特拉河冲积而成的三角洲上，国土面积约为14.76万平方千米。2015年孟加拉国总人口约为1.61亿，国内生产总值约为1951亿美元，人均GDP约为1212美元。孟加拉国是中国与南亚各国互联互通的中转站，在"一带一路"倡议中拥有重要的地缘战略价值。孟加拉国十分重视发展蓝色经济，于2016年12月成立蓝色经济办公室，致力于开发孟加拉湾领海海域内的渔业资源、天然气资源、石油资源以及旅游资源等，还将研究风能、海热能的开发利用等。

孟加拉国蓝色经济指数平均得分为31分，在51个样本国家中排名垫底。总体来看，孟加拉国蓝色经济指数表现出稳步上升趋势，2015年得分为38分，相比于2004年的25分，增长幅度为52.00%。孟加拉国的海洋经济发达度、海洋社会通达度和海洋科技合作度得分同样处于低位水平，3项指标的增长幅度分别为114.29%、228.57%和-12.50%；海洋政治开放度得分最高，历年得分均稳定在70分以上，2015年得分为83分，与2004年相比，增长幅度为18.57%。

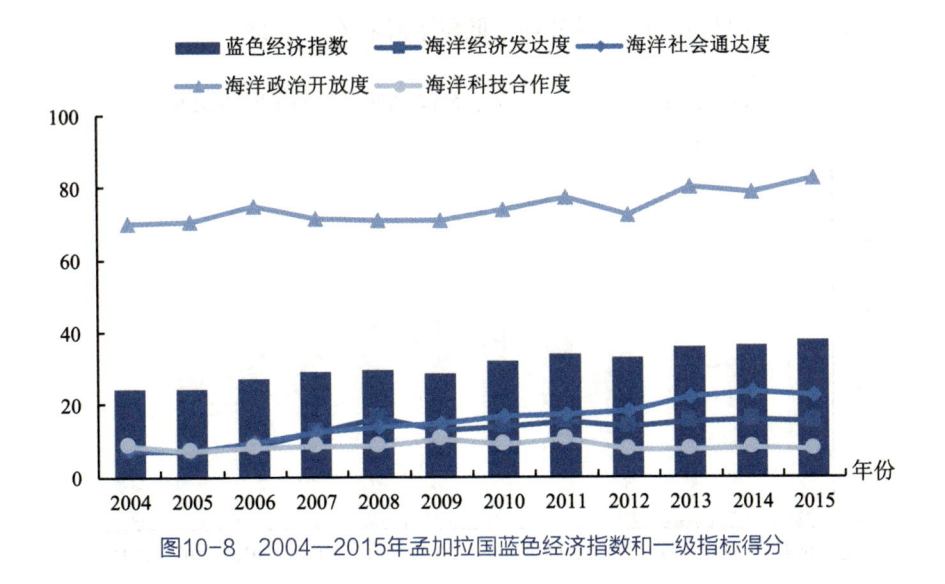

图10-8 2004—2015年孟加拉国蓝色经济指数和一级指标得分

三、西亚三国

纳入蓝色经济指数测算的国家中属于西亚地区的有格鲁吉亚、以色列和黎巴嫩3个国家，其中以色列和黎巴嫩为"一带一路"沿线国家。此外，考虑到地理区位因素，本研究也将埃及纳入到西亚地区进行探讨。

（一）黎巴嫩

黎巴嫩（The Republic of Lebanon）位于亚洲西南部、地中海东岸，国土面积约为1.05万平方千米。2015年黎巴嫩总人口约为585万，国内生产总值约为471亿美元，人均GDP约为8050美元。

黎巴嫩蓝色经济指数平均得分为54分，排名第26位。总体来看，黎巴嫩蓝色经济指数得分经历了先上升后下降的变化过程，2015年得分为55分，相较于2004年的47分，增长幅度约为17.02%。从各领域来看，2015年海洋经济发达度和海洋政治开放度两项指标得分与2004年相差不大，但2004—2015年间均经历了大幅度的升降。不同于其他国家，黎巴嫩海洋政治开放度得分明显偏低，除2010年和2011年外，其余年份得分均在55分左右。海洋社会通达度得分呈现波动上升态势，2015年得分为79分，与2004年相比，增长幅度约

为17.91%。海洋科技合作度得分处于低位下降状态，2015年得分仅为8分。

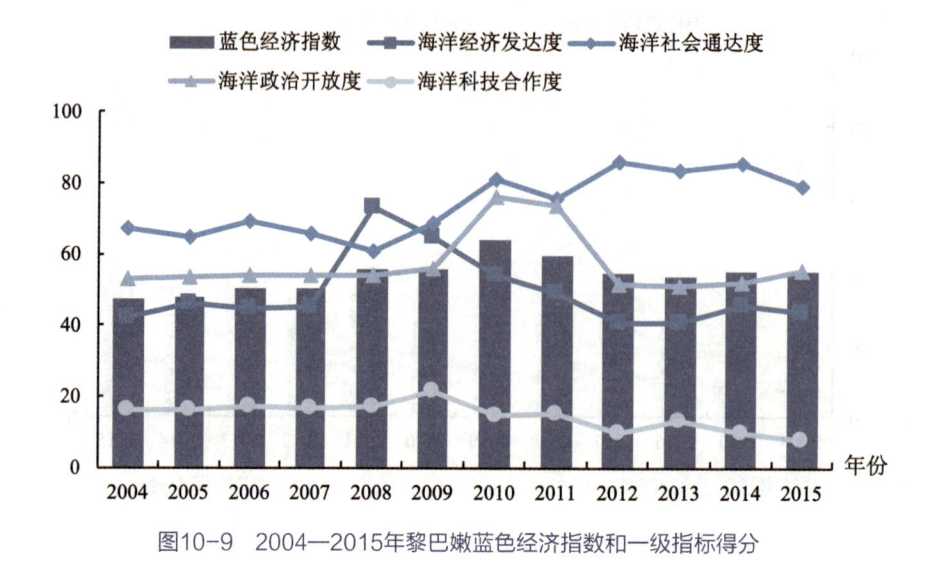

图10-9　2004—2015年黎巴嫩蓝色经济指数和一级指标得分

（二）以色列

以色列（The State of Israel）位于亚洲最西端，国土面积约为1.52万平方千米。2015年以色列总人口约为838万，国内生产总值约为2961亿美元，人均GDP约为35330美元，属于高收入国家。当前，中国与以色列的合作多集中于科技领域，多个科技企业在以进行投资。此外，以色列高度重视蓝色经济的发展，2016年以色列蓝色经济中心与威海市科学技术局就共建"中以蓝色海洋科技孵化器"达成合作意向，中国建立"中以蓝色海洋科技孵化器"，重点承接以色列研究成果在威海实现中试、加速和产业化。

以色列蓝色经济指数平均得分为53分，排名第29位。2015年以色列蓝色经济指数得分为58分，相比于2004年的51分，增长幅度为13.73%；海洋经济发达度得分呈现波动上升趋势，2015年得分为27分，与2004年相比，增长幅度为50.00%；海洋社会通达度和海洋政治开放度大致相当，两项指标得分基本保持在60~70分之间；海洋科技合作度得分略有下降，2015年得分为38分，下降幅度约为13.64%。

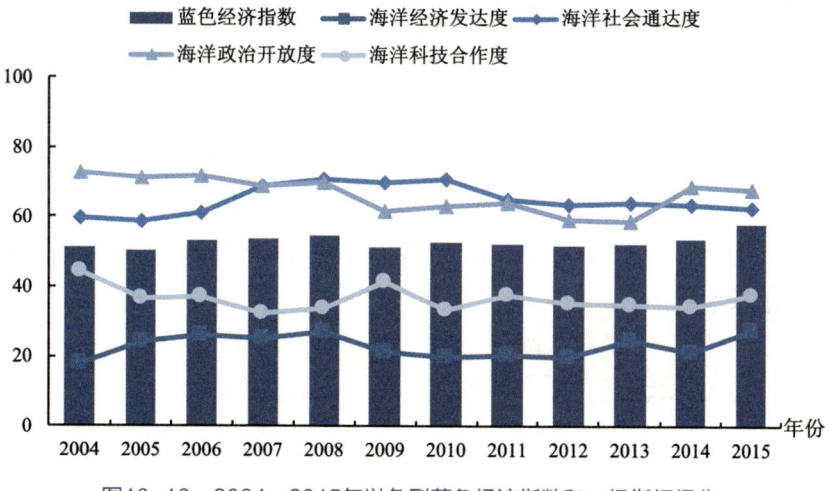

图10-10　2004—2015年以色列蓝色经济指数和一级指标得分

（三）埃及

埃及（The Arab Republic of Egypt）位于北非东部，横跨亚、非两大洲，国土面积约为100.1万平方千米。2015年埃及总人口约为9151万，国内生产总值约为3308亿美元，人均GDP约为3615美元。2015年9月，中埃双方签署了《中埃产能合作框架协议》，重点在新能源、交通、电力等领域实现产业对接。埃及作为"丝绸之路经济带"与"21世纪海上丝绸之路"的交汇点，中埃双方拥有得天独厚的合作优势。

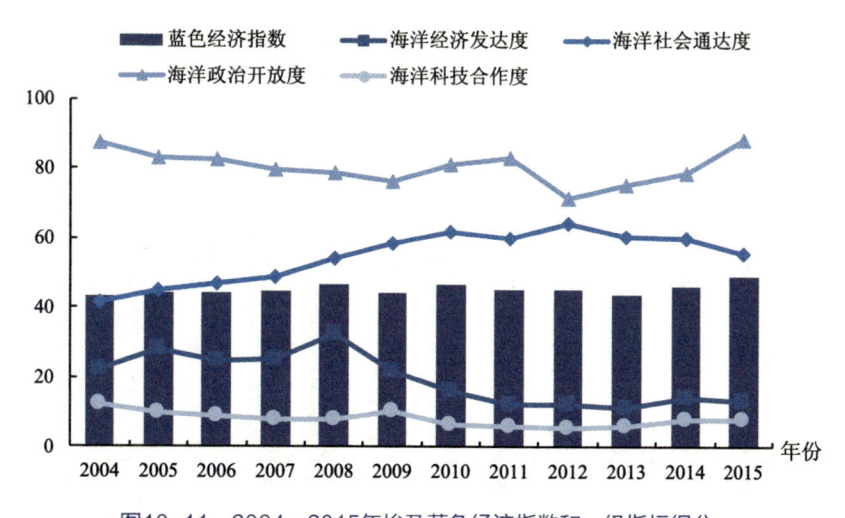

图10-11　2004—2015年埃及蓝色经济指数和一级指标得分

埃及蓝色经济指数平均得分为45分，排名第41位。2015年埃及蓝色经济指数为49分，相比于2004年，增长幅度为13.95%。从各海洋领域来看，海洋经济发达度和海洋科技合作度得分较低，并且总体处于下降态势，而海洋社会通达度和海洋政治开放度得分较高。其中，海洋经济发达度和海洋科技合作度下降幅度分别为40.91%和33.33%，海洋社会通达度上升幅度为34.15%，海洋政治开放度得分波动幅度较大，2015年该指标得分为88分，与2004年基本持平。

四、欧洲十国

纳入蓝色经济指数测算的国家中属于欧洲地区的有英国、法国、德国、意大利、荷兰等26个国家，其中属于"一带一路"沿线国家的有爱沙尼亚、阿尔巴尼亚、克罗地亚、波兰、立陶宛、拉脱维亚、斯洛文尼亚、保加利亚、罗马尼亚和希腊10个国家。

（一）爱沙尼亚

爱沙尼亚（The Republic of Estonia）位于波罗的海东岸，海岸线长达3794千米，国土面积约为4.53万平方千米。2015年爱沙尼亚总人口约为131.2万，国内生产总值约为226.9亿美元，人均GDP约为17295美元，属于中高收入国家。

图10-12　2004—2015年爱沙尼亚蓝色经济指数和一级指标得分

爱沙尼亚蓝色经济指数平均得分为62分，排名第14位。2015年爱沙尼亚蓝色经济指数得分为62分，与上一年相比略有下降，与2004年的56分相比，增长幅度为10.71%。从具体领域来看，与大多数国家相比，爱沙尼亚海洋经济发达度得分较高，但一直处于升降波动状态，2015年得分为36分；相比之下，其余3项指标得分均较为稳定，2015年海洋政治开放度为82分，海洋社会通达度为64分，海洋科技合作度为29分。

（二）阿尔巴尼亚

阿尔巴尼亚（The Republic of Albania）位于东南欧巴尔干半岛西部，国土面积约为2.87万平方千米。2015年阿尔巴尼亚总人口约为289万，国内生产总值约为114.6亿美元，人均GDP约为3965美元。

阿尔巴尼亚蓝色经济指数平均得分为58分，排名第21位。总体来看，阿尔巴尼亚蓝色经济指数经历了先上升后趋于稳定的变化过程，2015年得分为62分，相较于2004年的48分，增长幅度为29.17%。从4个海洋领域来看，海洋社会通达度得分最高，2009—2013年均高达100分，此后略有下降，2015年得分为90分；海洋政治开放度得分次之，且相对稳定，2015年得分为75分；海洋经济发达度波动较为剧烈，得分由2004年的26分上升至2015年的38分，增长幅度约为46.15%；海洋科技合作度处于低位稳定状态，历年得分均未超过10分。

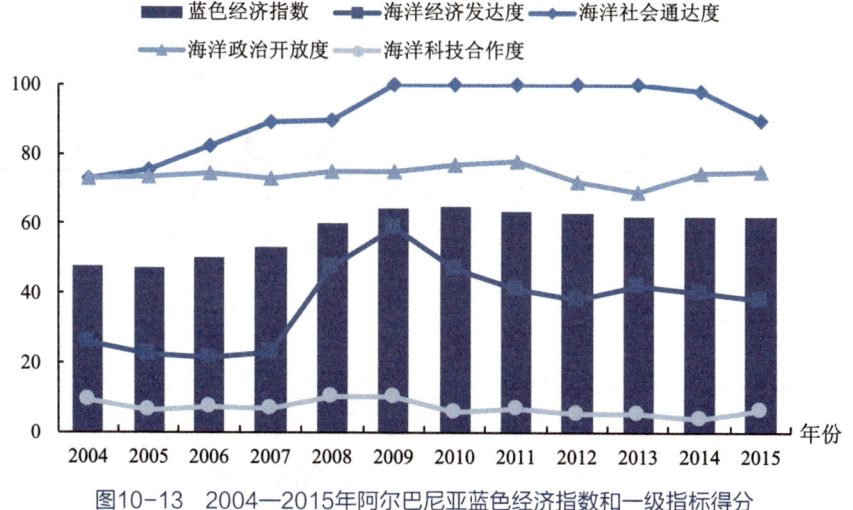

图10-13 2004—2015年阿尔巴尼亚蓝色经济指数和一级指标得分

（三）克罗地亚

克罗地亚（The Republic of Croatia）位于欧洲中南部、巴尔干半岛西北部，国土面积约为5.66万平方千米。2015年克罗地亚总人口约为422万，国内生产总值约为487.32亿美元，人均GDP约为11536美元。克罗地亚位于地中海地区，海陆区位优势明显，拥有包括里耶卡港在内的多个港口，海洋交通运输业和滨海旅游业较为发达。

克罗地亚蓝色经济指数平均得分为57分，排名第23位。总体来看，克罗地亚蓝色经济指数得分大致可划分为两个阶段：2004—2008年处于上升阶段，增长幅度为38.78%；2009年略有下降，此后逐渐趋于稳定，2015年得分为57分。从具体领域来看，除2006—2008年外，其余年份海洋经济发达度得分均稳定在35分左右；海洋社会通达度总体处于上升趋势，但2013—2015年得分出现小幅下降；海洋政治开放度波动剧烈，稳定性较差，2015年得分为77分；海洋科技合作度得分最低但最为稳定。

图10-14　2004—2015年克罗地亚蓝色经济指数和一级指标得分

（四）希腊

希腊（The Republic of Hellenic）地处欧洲东南角、巴尔干半岛南端，国土面积约为13.2万平方千米。2015年希腊总人口约为1082万，国内生产总值约为1948.5亿美元，人均GDP约为18008美元，属于高收入国家。自"一带一路"战略实施以来，中国与希腊相继开展一系列合作，其中，中远比雷埃夫斯港项目已成为中希乃至中欧务实合作的典范。

希腊蓝色经济指数平均得分为53分，排名第29位。2015年希腊蓝色经济指数为61分，相比于2004年的48分，增长幅度为27.08%；海洋经济发达度上升趋势明显，2015年得分为41分，增长幅度高达86.36%；海洋社会通达度上升幅度较小，2015年得分为68分；海洋政治开放度波动剧烈，2015年得分为87分；海洋科技合作度得分保持在10分左右，稳定性较强，但海洋科技开放水平严重落后。

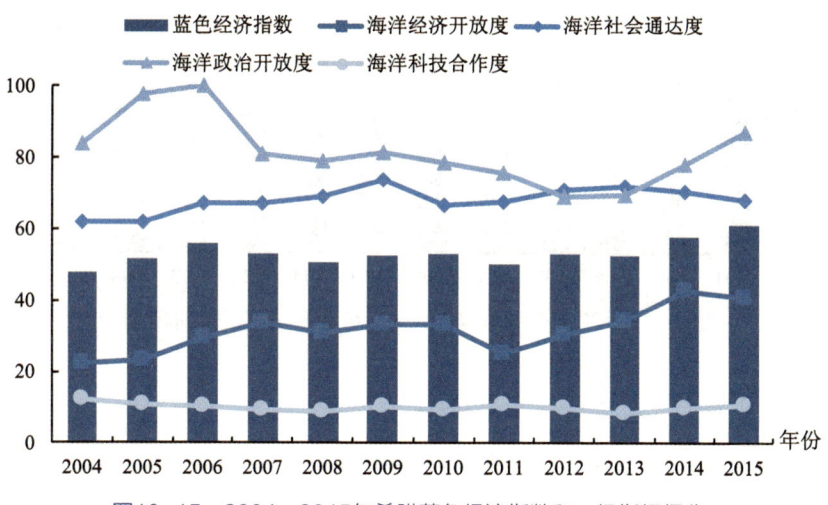

图10-15　2004—2015年希腊蓝色经济指数和一级指标得分

（五）立陶宛

立陶宛（The Republic of Lithuania）地处波罗的海东岸，国土面积约为6.53万平方千米。2015年立陶宛总人口约为291万，国内生产总值约为412.4亿美元，人均GDP约为14172美元。立陶宛曾被西方国家高度评价为"中欧地区最自由的市场经济国家"，在世界银行发布的《2015全球营商环境报告》中，立陶宛营商环境排名第24位，远超中欧地区其他国家的平均值，是新兴经济体中发展较好的小型国家。

立陶宛蓝色经济指数平均得分为53分，排名第29位。立陶宛蓝色经济指数处于波动上升状态，2015年得分为62分，相比于2004年的45分，增长幅

度为37.78%。从具体领域来看，海洋政治开放度得分最高，并且处于上升状态，2015年该项指标达到97分；2015年海洋社会通达度得分为52分，与2004年基本持平；海洋经济发达度处于波动上升状态，2004—2015年增长幅度高达68.97%；海洋科技合作度处于低位稳定状态，得分基本保持在10分左右。

图10-16　2004—2015年立陶宛蓝色经济指数和一级指标得分

（六）波兰

波兰（The Republic of Poland）位于欧洲大陆中部、中欧东北部，国土面积约为31.3万平方千米。2015年波兰总人口约为422万，国内生产总值约为487.3亿美元，人均GDP约为11536美元，属于高收入国家。在"21世纪海上丝绸之路"建设规划中，波兰是中欧陆路运输路线上中国货物进入欧洲的首个欧盟成员国，同时也是欧洲经济区成员国的第一站，在"一带一路"互联互通中发挥着重要的纽带作用。

波兰蓝色经济指数平均得分为52分，排名第32位。2004—2015年间，波兰蓝色经济指数呈现稳步上升趋势，得分由2004年的43分上升至2015年的63分，增长幅度为46.51%；海洋经济发达度得分持续攀升，特别是2012—2015年上升幅度尤为明显，2015年得分为53分，增长幅度高达96.60%；海洋社会通达度得分总体表现出上升趋势，2014年出现最高值66分，2015年得分下降至60分；海洋政治开放度得分最高，除2012年和2013年略有下降外，其余年份均保持在75分以上；海洋科技合作度得分最低，但表现出缓慢上升态势，2015年得分为24分。

图10-17　2004—2015年波兰蓝色经济指数和一级指标得分

（七）拉脱维亚

拉脱维亚（The Republic of Latvia）位于波罗的海东岸，国土面积约为6.46万平方千米，其中陆地面积约为6.20平方千米。2015年拉脱维亚总人口约为197.8万，国内生产总值约为270.35亿美元，人均GDP约为13665美元。拉脱维亚拥有3个终年不冻港，同时拥有波罗的海三国最大的里加机场，优越的地理位置可以使其成为东亚国家与欧洲国家的货运枢纽。2016年11月，中国领导人参加第五次中国—中东欧国家领导人会晤并对拉脱维亚进行正式访问，中拉双方的合作重点集中在交通运输、教育和旅游业3个方面。

拉脱维亚蓝色经济指数平均得分为50分，排名第34位。除2009年外，其余年份拉脱维亚蓝色经济指数呈现稳步上升趋势，2015年得分为56分，增长幅度为40.00%。具体来看，海洋政治开放度得分最高且相对稳定，2015年得分为76分；海洋社会通达度总体处于上升态势，2015年得分为54分，相对增长14.89%；海洋经济发达度上升趋势显著，2015年得分为35分，增长幅度高达118.75%；海洋科技合作度处于低位上升状态，2015年得分出现最高值23分，相比于2004年，增长幅度为76.92%。

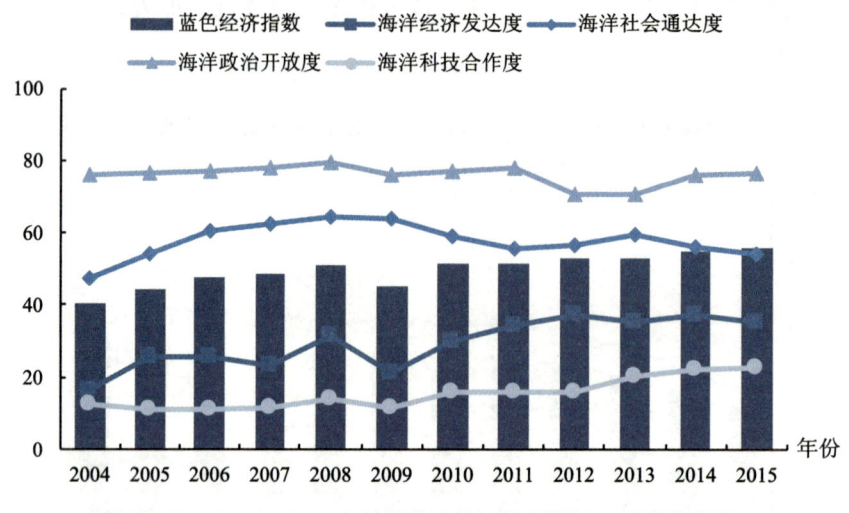

图10-18 2004—2015年拉脱维亚蓝色经济指数和一级指标得分

（八）保加利亚

保加利亚（The Republic of Bulgaria）地处欧洲巴尔干半岛东南部，国土面积约为11.1万平方千米。2015年保加利亚总人口约为717.8万，国内生产总值约为489.53亿美元，人均GDP约为6820美元。保加利亚对于"21世纪海上丝绸之路"战略的态度积极，表示愿意积极参与到"21世纪海上丝绸之路"建设的倡议中，成为沟通中欧贸易的天然桥梁。2017年4月11日，"一带一路"全国联合会在保加利亚首都索非亚正式成立，该联合会的成立旨在进一步加强中保两国在"一带一路"建设领域的合作。

保加利亚蓝色经济指数平均得分为47分，排名第37位。保加利亚蓝色经济指数大致经历了如下变化过程：2004—2008年得分不断上升；2009—2010年得分略有下滑，此后逐渐趋于稳定，并于2014—2015年再次呈现上升趋势，2015年出现最高值55分。从各个领域来看，2015年海洋政治开放度得分为74分，与2004年水平相当；2015年海洋社会通达度得分为50分，相较于2004年，略有下滑；海洋经济发达度得分经历了先上升后下降的变化，2015年得分为18分；2015年海洋科技合作度得分为14分，与2004年相比，有所上升。

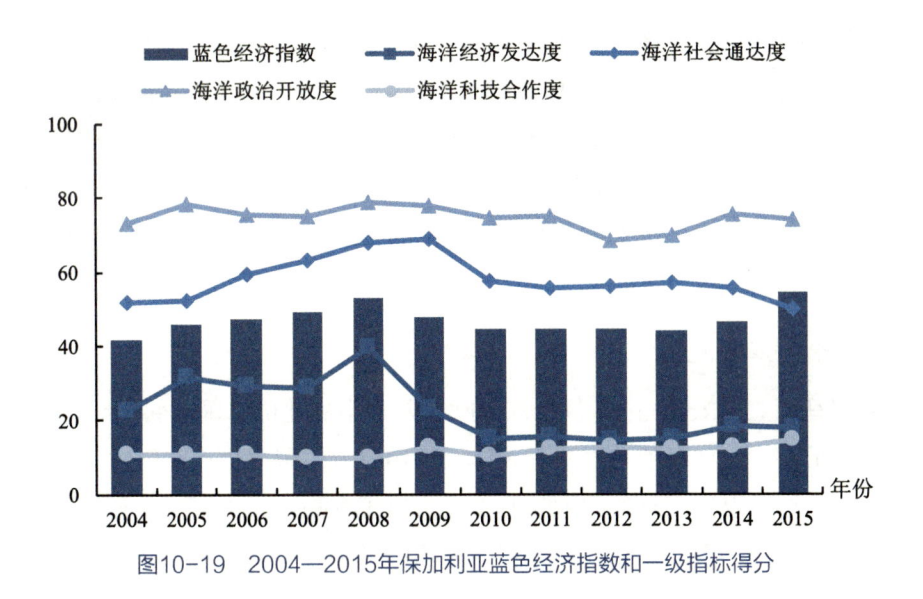

图10-19　2004—2015年保加利亚蓝色经济指数和一级指标得分

（九）斯洛文尼亚

斯洛文尼亚（The Republic of Slovenia）地处欧洲中南部、巴尔干半岛西北端，国土面积约为2.03万平方千米。2015年斯洛文尼亚总人口约为206.4万，国内生产总值约为427.47亿美元，人均GDP约为20713美元，属于高收入国家。

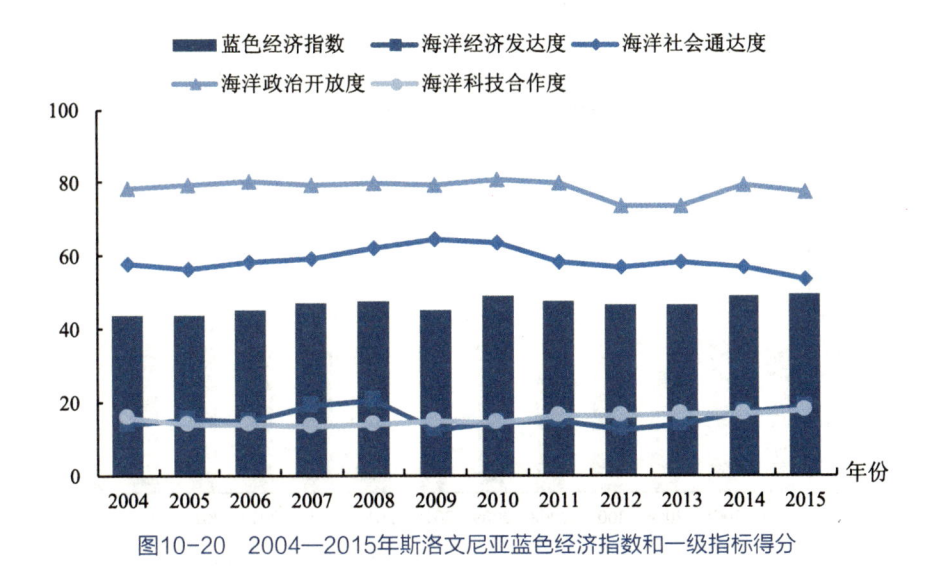

图10-20　2004—2015年斯洛文尼亚蓝色经济指数和一级指标得分

129

斯洛文尼亚蓝色经济指数平均得分为47分，排名第37位。2004—2015年斯洛文尼亚蓝色经济指数相对稳定，2015年得分为50分，增长幅度约为13.64%。从具体领域来看，海洋经济发达度和海洋科技合作度大致相当，两项指标得分均在20分以下；海洋社会通达度总体处于先上升后下降的状态，2015年得分为53分，与2004年相比，略有下降；海洋政治开放度得分稳定性较强，除2012年和2013年外，其余年份得分均保持在80分左右。

（十）罗马尼亚

罗马尼亚（Romania）位于东南欧巴尔干半岛北部，国土面积约为23.84万平方千米。2015年罗马尼亚总人口约为1983万，国内生产总值约为1779亿美元，人均国内生产总值约为8973美元，属于中高收入国家。罗马尼亚经济部与中国商务部于2015年签署了关于在两国经济联委会框架下推进共建丝绸之路经济带的谅解备忘录，罗马尼亚成为首批与中国签署此类协议的国家。

罗马尼亚蓝色经济指数平均得分为43分，排名第45位。罗马尼亚蓝色经济指数相对稳定，2015年得分为45分。从不同海洋领域来看，海洋政治开放度得分最高，但出现了大幅下滑，主要是因为在研究区间内2004—2005年罗马尼亚为联合国安全理事会成员国；海洋社会通达度得分上升趋势显著，2008年之后逐渐趋于稳定，2004—2015年增长幅度为62.96%；相比之下，海洋经济发达度和海洋科技合作度得分均处于低位稳定状态。

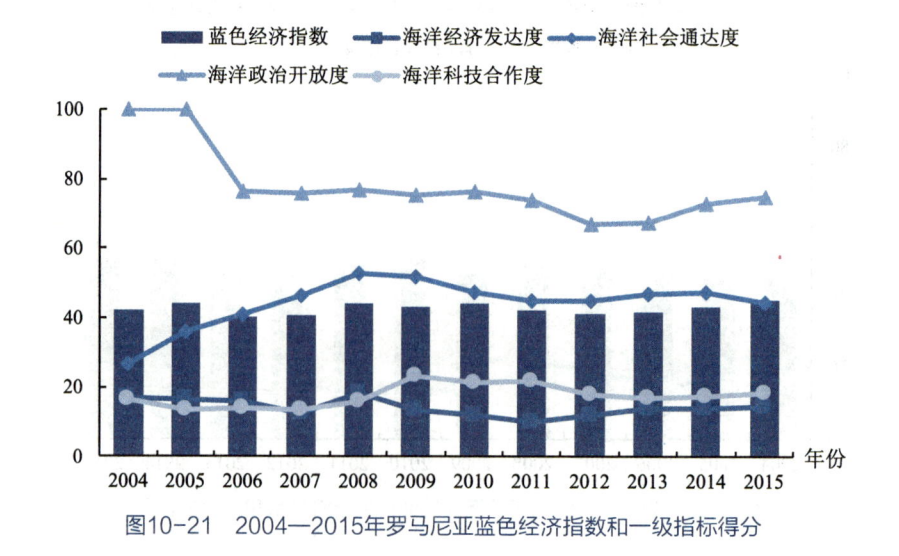

图10-21 2004—2015年罗马尼亚蓝色经济指数和一级指标得分

五、独联体三国

纳入蓝色经济指数测算的国家中属于独联体国家并且属于"一带一路"沿线国家的有俄罗斯、乌克兰和格鲁吉亚。

（一）俄罗斯

俄罗斯（The Russian Federation）横跨欧亚大陆，国土面积为1709.82万平方千米。2015年俄罗斯总人口约为1.44亿，国内生产总值约为13260亿美元，人均GDP约为9057美元。中俄两国于2015年签署《关于丝绸之路经济带建设与欧亚经济联盟建设对接合作的联合声明》，对双方持续有效地开展能源合作，进一步释放合作潜力并提高合作互补性具有战略意义。

俄罗斯蓝色经济指数平均得分为50分，排名第34位。2004—2015年俄罗斯蓝色经济指数上升趋势明显，得分由2004年的40分增长至2015年的62分，增长幅度高达55%。从具体领域来看，海洋社会通达度和海洋政治开放度得分表现出显著的上升态势，2015年两项指标得分分别为72分和93分，相较于2004年，增长幅度分别为71.43%和30.99%。海洋经济发达度和海洋科技合作度得分相当，2015年两项指标得分分别为19分和26分，与2004年相比均略有上升。

图10-22　2004—2015年俄罗斯蓝色经济指数和一级指标得分

（二）乌克兰

乌克兰（Ukraine）位于欧洲东部、黑海和亚速海北岸，国土面积约为60.37万平方千米。2015年乌克兰总人口约为4520万，国内生产总值约为906.15亿美元，人均GDP约为2115美元。乌克兰是最早支持"一带一路"倡议的国家之一，中乌两国于2014年签署了有关乌克兰参与"一带一路"建设的双边议定书，明确了未来合作的主要方向。

乌克兰蓝色经济指数平均得分为45分，排名第41位。2004—2015年乌克兰蓝色经济指数上升趋势明显，得分由2004年的31分上升至2015年的56分，增长幅度约为80.65%。从具体领域来看，相比于2004年，2015年4项指标得分均呈现出不同程度的上升。海洋政治开放度得分最高，2015年该指标为87分，增长幅度为33.85%；海洋社会通达度得分次之，由2004年的27分上升至2015年的56分，增长幅度高达107.41%；海洋经济发达度得分在20分左右波动，但增长幅度高达120%，居4项指标之首；海洋科技合作度历年得分均未超过20分，2015年得分为16分，增长幅度为33.33%。

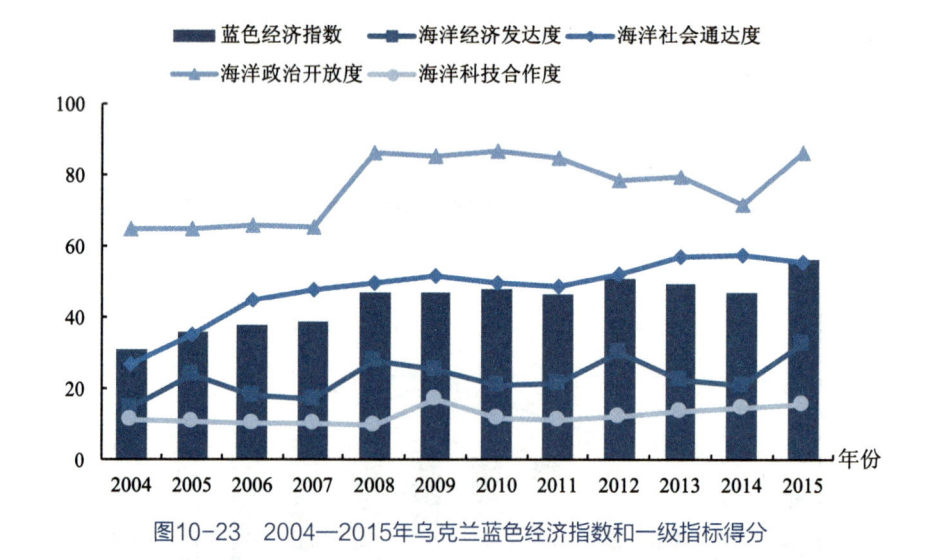

图10-23　2004—2015年乌克兰蓝色经济指数和一级指标得分

（三）格鲁吉亚

格鲁吉亚（Georgia）位于南高加索中西部，国土面积约为6.97万平方千米。2015年格鲁吉亚总人口约为367.9万，国内生产总值约为139.65亿美元，

第十章 "一带一路"沿线国家蓝色经济发展专题分析

人均GDP约为3796美元。2015年3月,中国商务部部长高虎城与时任格鲁吉亚副总理兼经济与可持续发展部长克维里卡什维利签署了《关于加强共建"丝绸之路经济带"合作的备忘录》,并共同发布两国启动自由贸易协定可行性研究的联合声明,为双方贸易合作搭建了新平台。

格鲁吉亚蓝色经济指数平均得分为44分,排名第44位。2004—2015年间,格鲁吉亚蓝色经济指数得分由38分上升至58分,上升趋势显著,增长幅度为52.63%;海洋政治发达度稳居4项指标之首,2015年得分为79分,与2004年相比略有下降;海洋社会通达度得分次之,增幅明显,相对增长144%,海洋社会环境不断优化;海洋经济发达度得分表现出缓慢上升态势,2015年该指标得分为27分;2015年海洋科技合作度得分仅为7分,相比于2004年,下降幅度为56.25%,提高海洋科技发展水平刻不容缓。

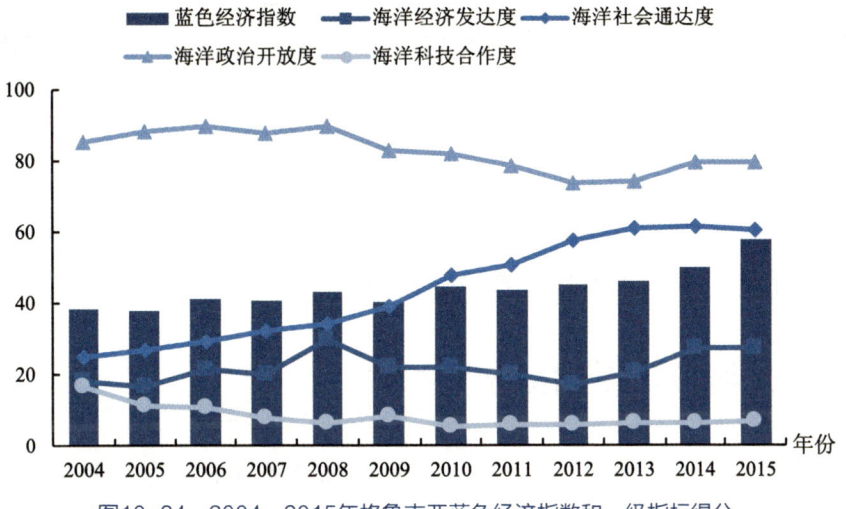

图10-24 2004—2015年格鲁吉亚蓝色经济指数和一级指标得分

133

第十一章 中国蓝色经济发展专题分析

中国政府历来高度重视蓝色经济，蓝色经济发展态势良好，经济总量不断壮大，在国民经济和社会发展中的重要性与日俱增。国家海洋局局长王宏曾表示，中国倡导"蓝色经济"，就是要积极推动形成"与海为善、以海为伴"的经济社会发展模式，树立"开放包容"、"人海和谐"、"创新驱动"的理念。开放发展是实现海洋事业突破、促进海洋经济健康稳步发展的有效途径和重要支持。进入21世纪以来，在全球蓝色经济快速发展的大环境下，中国蓝色经济开放、合作和发展也取得了显著成效。

总体来看，中国海洋生产总值显著增长，蓝色经济对国民经济的贡献度有所上升。蓝色经济开放水平呈现出稳步上升态势，其中，海洋经济发展整体相对稳定；海洋社会环境进一步优化；海洋政治开放程度高，但发展优势略有衰退；海洋科研实力稳步上升，发展前景广阔。

从全球范围来看，中国蓝色经济开放程度处于全球领先地位。其中，海洋经济发达度位居世界中下游；海洋社会通达度领跑全球；海洋政治开放度稳居世界上游；海洋科技合作度稳定在全球前列。

一、中国蓝色经济指数评估分析

（一）海洋生产总值显著增长，对国民经济贡献度有所上升

2001—2016年间，我国海洋生产总值（Gross Ocean Product，GOP）呈现显著增长态势，海洋经济对国民经济的贡献度有所上升（见图11-1）。从海洋生产总值绝对量来看，根据条形图拟合曲线的走势，可以发现，相较于2001—2003年，自2004年起，海洋生产总值增长速度明显提高，"十二五"期间更为明显。2001年中国加入WTO，逐步形成了全方位、多层次、宽领域的对外开放新格局；党的十六大提出"实施海洋开发战略"，为蓝色经济的发展带来新的契机；党的十七大提出"发展海洋产业"战略，党的十八大又提出"建设海洋强国"战略，蓝色经济的重要性上升到前所未有的高度。

从GOP占GDP比重相对量来看，GOP占GDP的比重总体呈现上升态势，海洋经济对国民经济的贡献度有所上升。自2012年以来，GOP占GDP的比重略有下降，逐渐稳定在9.50%左右。国家海洋信息中心主任何广顺曾表示，"海洋生产总值在GDP的占比维持在9%左右，这在国际上是比较高的"。据粗略统计，目前大多数沿海国家的海洋生产总值占本国GDP的比重为1%至3%，仅有少数国家可以达到6%至7%[①]。由此可见，蓝色经济在我国国民经济中占据重要地位。

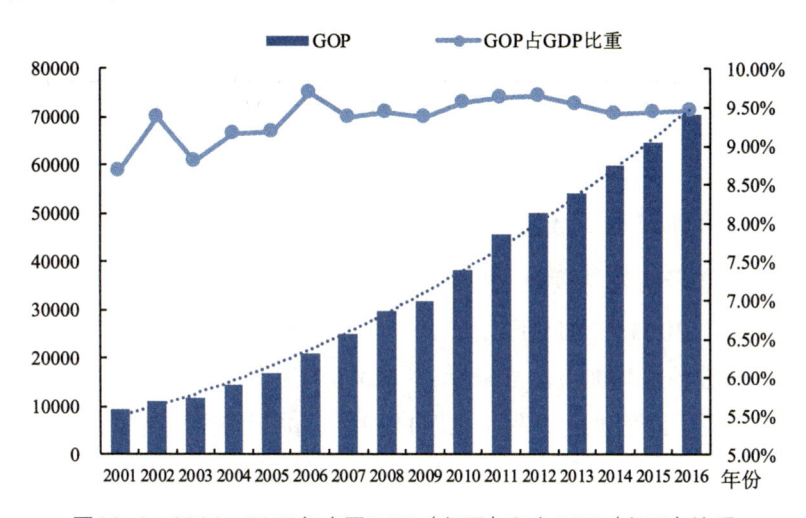

图11-1 2001—2016年中国GOP（亿元）和占GDP（亿元）比重

（二）蓝色经济开放水平稳步提升

总体来看，2004—2015年中国蓝色经济指数平均得分为76分，远高于全球平均值（56分），蓝色经济开放水平位居世界前列。从发展趋势来看，蓝色经济指数得分呈现出波动上升的走势，从移动平均结果来看，上升态势尤为明显，2004—2015年年均增长速度为1.66%，增长幅度为18.98%。我国长期致力于发展蓝色经济，重视海洋领域的开放与合作，推动了蓝色经济的快速发展。此外还可以发现，自2012年以来，蓝色经济指数增长速度明显放缓，随着我国经济步入"新常态"发展阶段，蓝色经济也逐步由规模速度型向质量效益型转变，开放水平逐渐趋于稳定（见图11-2）。

---

① 中国新闻网：海洋经济生产总值近6万亿透视[EB/OL](2015-03-18) [2017-08-23]. http://www.chinanews.com/gn/2015/03-18/7140350.shtml.

图11-2 2004—2015年中国蓝色经济指数得分走势

（三）海洋经济发展总体相对稳定

中国海洋经济发达度处于低位水平，得分在10～25分之间波动，平均得分为19分，2004—2015年该指标年均增长速度为7.21%，增长幅度高达77.90%。从移动平均曲线走势来看，以2010年为界，海洋经济发达度得分经历了先上升后下降的变化过程（见图11-3）。由于海洋经济发达度指标侧重考量渔业和船舶业的对外依存度，然而我国不仅是渔业大国，同时在船舶工业领域也具有明显优势，一定程度上是造成该项指数得分偏低的重要原因。此外，笔者认为，2008年全球经济危机也是造成2010年之后中国海洋经济发达度得分出现下滑的原因之一。

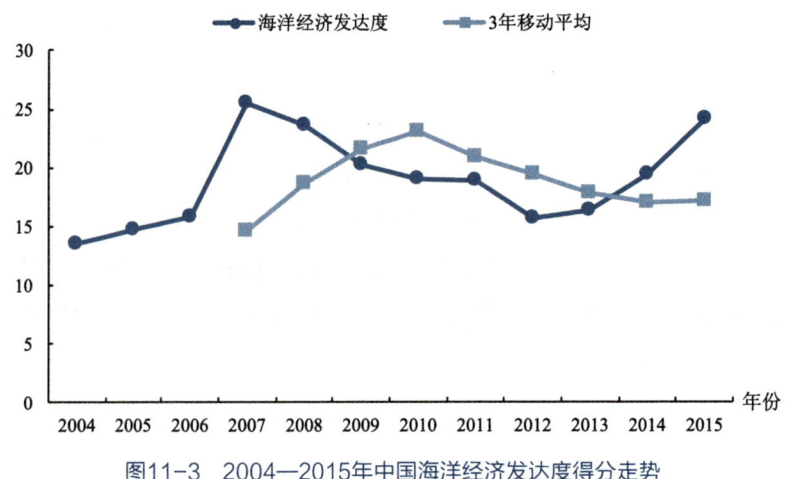

图11-3 2004—2015年中国海洋经济发达度得分走势

具体来看，中国海洋贸易开放指数和资本流通开放指数得分均处于低位水平，后者得分略高于前者（见图11-4）。其中海洋贸易开放指数得分长期保持在15分以下（2007年除外）；资本流通开放指数以2007年为拐点经历了先上升后下降的变化过程，由于该指标重点衡量流通资本占GDP的比重，而我国经济体量较大，由此造成了该项指标得分偏低的局面。

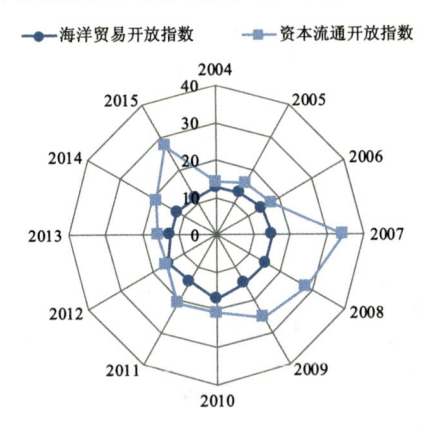

图11-4 2004—2015年海洋经济发达度二级指标得分对比分析

（四）海洋社会环境进一步优化

中国海洋社会通达度处于全球高位水平，特别是2009年以来，得分始终保持在95分以上，2004—2015年平均得分为92分。从图11-5可以看出，无论是原始结果，还是移动平均结果，海洋社会通达度得分均呈现出显著上升趋势，年均增长速度为2.92%，增长幅度为27.91%，海洋社会环境进一步优化。

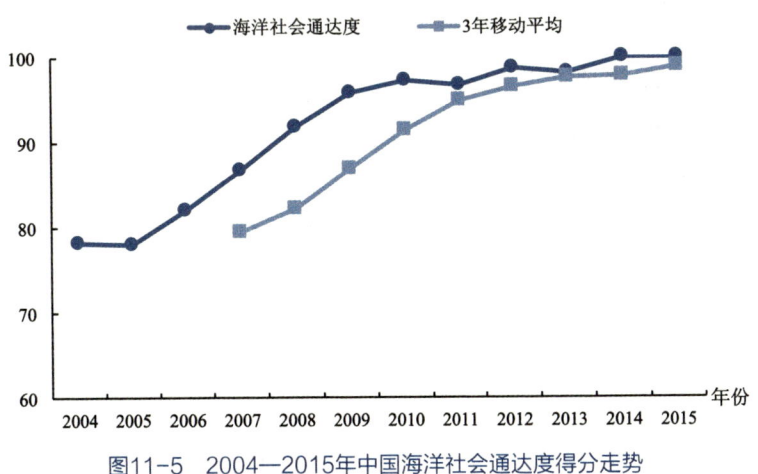

图11-5 2004—2015年中国海洋社会通达度得分走势

具体来看，中国海上交通开放指数、人员往来开放指数和通信开放指数得分差距悬殊（见图11-6）。其中，2004—2015年海上交通开放指数得分长期保持为100分，由于我国地理位置优越，港口航运条件优良，海洋交通运输业处于全球领先地位；通信开放指数上升趋势明显，但最大值仍不足60分，主要原因在于我国人口基数大且农村人口多，导致通讯设施覆盖率较低；人员往来开放指数得分不足20分，指标设置重点考量国际旅游收支占进出口的比重，而我国对外贸易发达，进出口总量大，且旅游业占国民经济份额有限，由此使得国际旅游收支占进出口的比重较小，从而导致该项指数得分严重偏低。

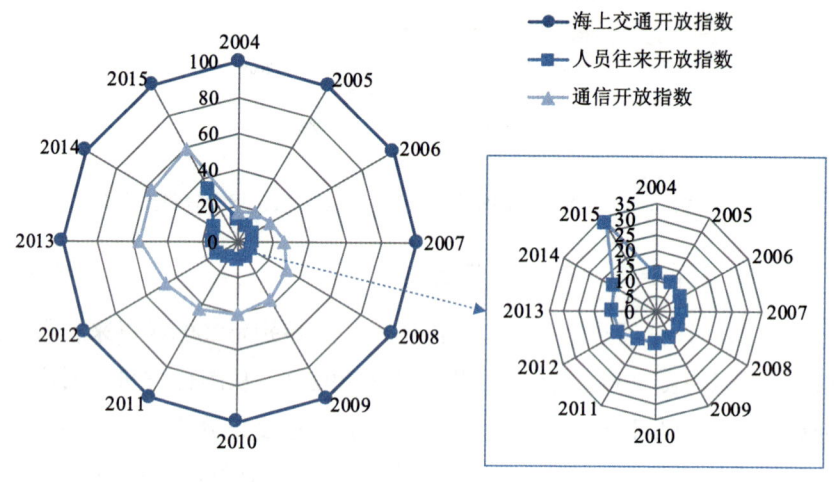

图11-6　2004—2015年海洋社会通达度二级指标得分对比分析

（五）海洋政治开放程度高，发展优势略有衰退

相比于海洋社会通达度，中国海洋政治开放优势更为明显，除2012年和2013年外，其余年份得分均稳定在90分以上，平均得分高达96分。从移动平均结果来看，海洋政治开放度得分呈现明显下降趋势，特别是2012年以来，下降幅度尤为明显。总体来看，2004—2015年海洋政治开放度得分年均下降速度为0.18%，下降幅度为2.57%（见图11-7）。

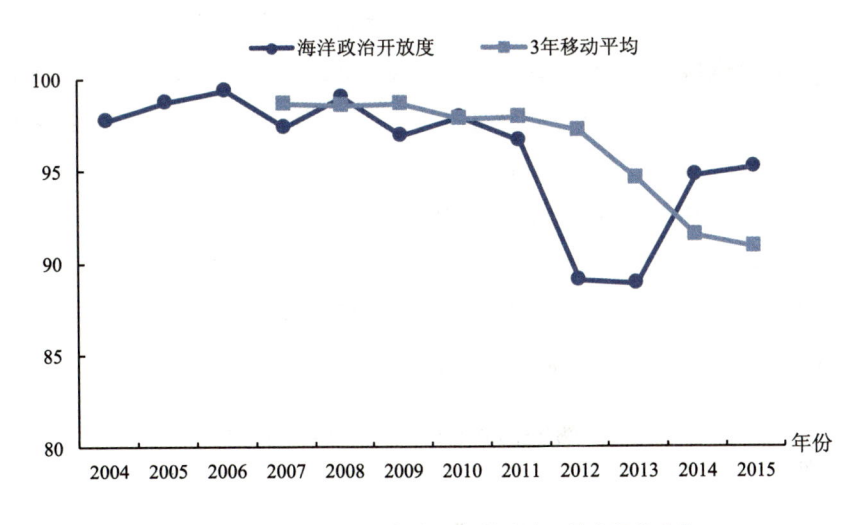

图11-7　2004—2015年中国海洋政治开放度得分走势

具体来看，国家政策开放指数和国家安全开放指数得分均在70分以上，前者得分远高于后者（见图11-8）。总体而言，两项指数得分均保持稳定发展态势，相对稳定的国内和国际政治环境是保证蓝色经济发展的前提和基础。

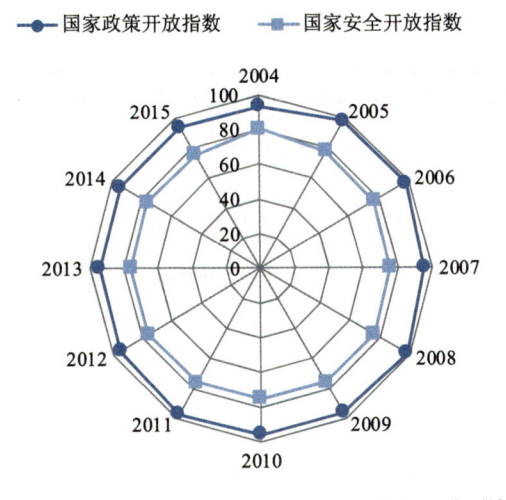

图11-8　2004—2015年海洋政治开放度二级指标得分对比分析

（六）海洋科研实力稳步上升，发展前景广阔

中国海洋科技合作度得分在50~80分之间波动（除2009年外），平均得分为69分，总体处于全球高位水平（见图11-9）。其中，2009年得分高达92分，明显高于其他年份，分析数据发现，2009年中国该领域各项指标走势基本平稳，而标杆国家和排名靠前国家的海洋科技合作度得分明显下降，导致该年份中国海洋科技合作度得分骤增。从移动平均曲线走势来看，海洋科技合作度得分呈现稳步上升趋势，2011年之后得分稳定在70分左右，2004—2015年年均增长速度为3.17%，增长幅度为9.68%。

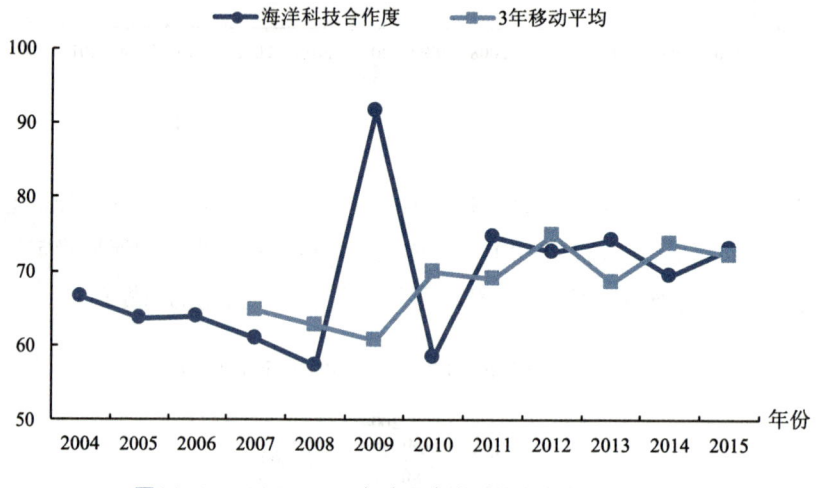

图11-9 2004—2015年中国海洋科技合作度得分走势

从具体指标来看，科技产品开放指数和科技成果开放指数得分处于较高水平，并且科技成果开放指数处于上升态势，科技产品开放指数基本保持不变（见图11-10）。但是，科技资金开放指数得分极低，最大值仍未高于5，原因之一在于该指标衡量接收和支付的知识产权使用费占GDP的比重，经济体量较大的国家处于相对劣势地位。另一个重要原因在于中国知识产权使用费占GDP的比重明显低于其他同水平国家，一定程度上也反映出中国的相关智力或科技成果在国际的认可度较低。由此可见，中国实现"科技强国"、"科技兴海"等战略目标意义重大。

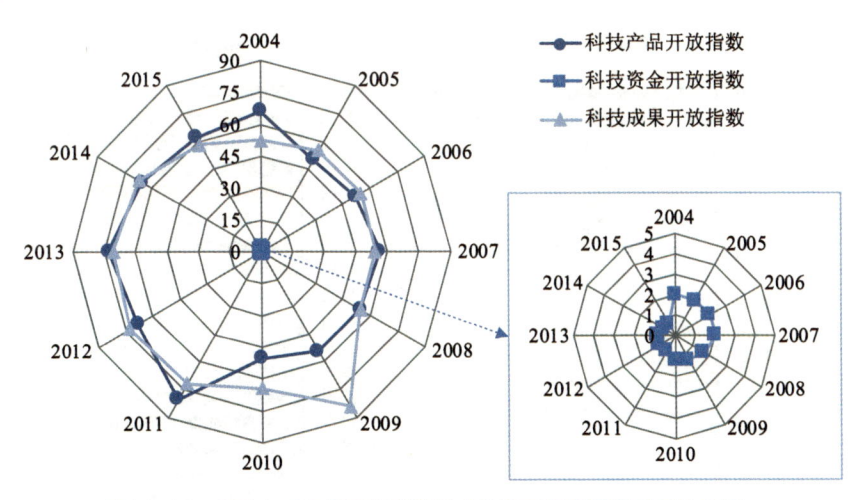

图11-10　2004—2015年海洋科技合作度二级指标得分对比分析

二、中国蓝色经济在世界中的位置

（一）蓝色经济开放水平处于全球领先地位

2015年中国蓝色经济指数得分为81分，全球排名第5位，相较于2004年的68分，蓝色经济指数增长幅度约为18.98%，但排名位次保持不变。综观全球前10位国家，各国蓝色经济指数得分均呈现不同程度的上升，其中中国上升幅度甚为明显。中国蓝色经济发展态势迅猛，蓝色经济开放水平处于全球领先地位。

在蓝色经济指数排名全球前10位的国家中，仅有中国和马来西亚为发展中国家。2004年马来西亚蓝色经济指数得分为65分，排名仅次于中国；2015年马来西亚得分上升至81分，全球位次保持不变。

中国、俄罗斯、印度和巴西作为金砖国家的成员国，因经济发展较快备受世界关注，然而在蓝色经济领域却呈现出明显的两级分化局面。2004年中国、俄罗斯、印度和巴西的蓝色经济指数得分和位次分别为68分（5）、40分（37）、39分（39）和44分（30），2015年分别为81分（5）、62分（22）、52分（38）和52分（38），4国蓝色经济指数得分均明显增加，俄罗斯排名上升明显，印度排名上升1位，中国排名保持不变，但巴西排名下降7位。总体来看，金砖四国蓝色经济开放整体向上的趋势不变，但蓝色经济发展的两极分化现象却愈发严峻。

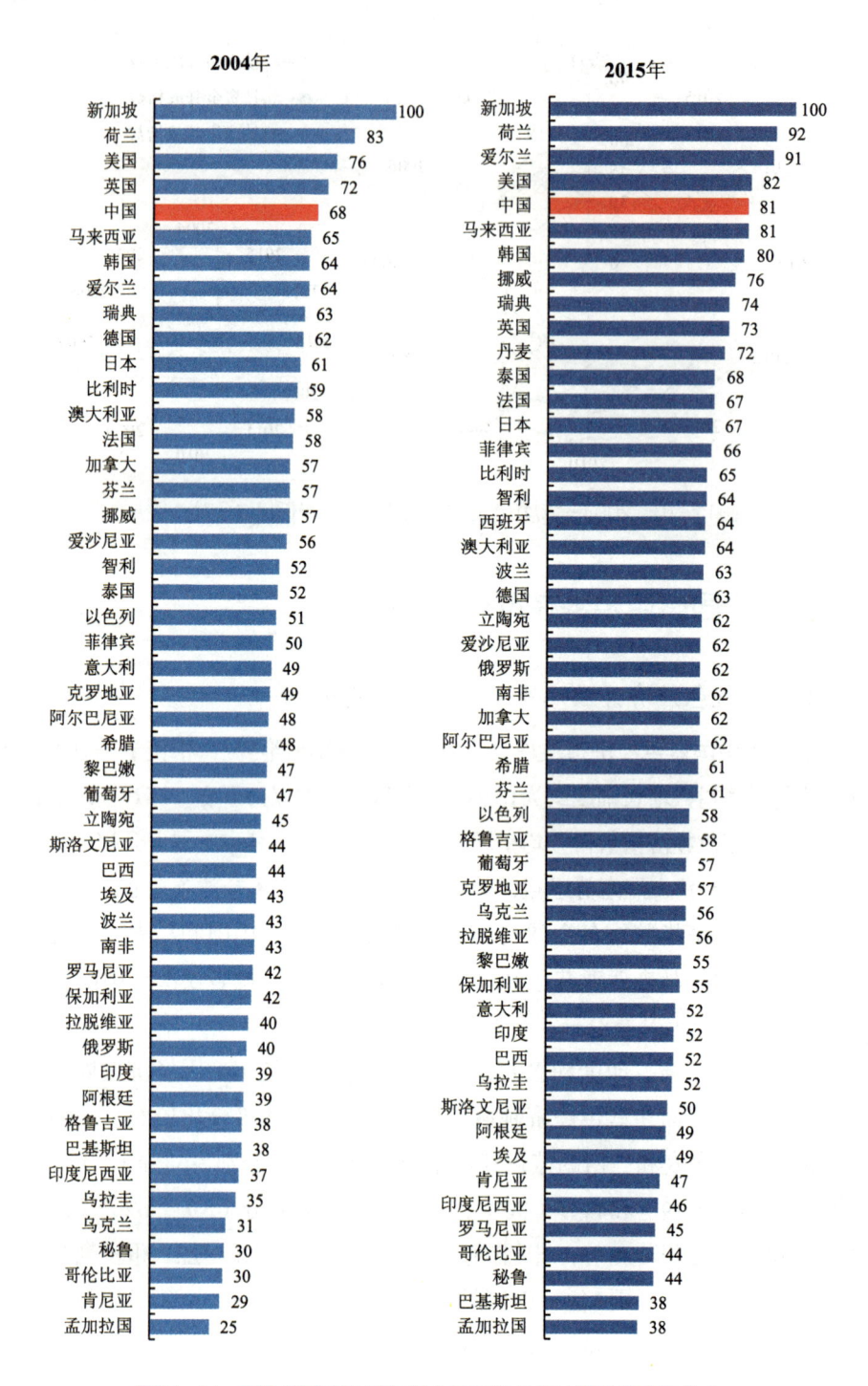

2004年		2015年	
新加坡	100	新加坡	100
荷兰	83	荷兰	92
美国	76	爱尔兰	91
英国	72	美国	82
中国	68	中国	81
马来西亚	65	马来西亚	81
韩国	64	韩国	80
爱尔兰	64	挪威	76
瑞典	63	瑞典	74
德国	62	英国	73
日本	61	丹麦	72
比利时	59	泰国	68
澳大利亚	58	法国	67
法国	58	日本	67
加拿大	57	菲律宾	66
芬兰	57	比利时	65
挪威	57	智利	64
爱沙尼亚	56	西班牙	64
智利	52	澳大利亚	64
泰国	52	波兰	63
以色列	51	德国	63
菲律宾	50	立陶宛	62
意大利	49	爱沙尼亚	62
克罗地亚	49	俄罗斯	62
阿尔巴尼亚	48	南非	62
希腊	48	加拿大	62
黎巴嫩	47	阿尔巴尼亚	62
葡萄牙	47	希腊	61
立陶宛	45	芬兰	61
斯洛文尼亚	44	以色列	58
巴西	44	格鲁吉亚	58
埃及	43	葡萄牙	57
波兰	43	克罗地亚	57
南非	43	乌克兰	56
罗马尼亚	42	拉脱维亚	56
保加利亚	42	黎巴嫩	55
拉脱维亚	40	保加利亚	55
俄罗斯	40	意大利	52
印度	39	印度	52
阿根廷	39	巴西	52
格鲁吉亚	38	乌拉圭	52
巴基斯坦	38	斯洛文尼亚	50
印度尼西亚	37	阿根廷	49
乌拉圭	35	埃及	49
乌克兰	31	肯尼亚	47
秘鲁	30	印度尼西亚	46
哥伦比亚	30	罗马尼亚	45
肯尼亚	29	哥伦比亚	44
孟加拉国	25	秘鲁	44
		巴基斯坦	38
		孟加拉国	38

图11-11 2004年和2015年样本国家蓝色经济指数得分和排名

（二）海洋经济发达度位居世界中下游

2015年中国海洋经济发达度得分为24分，相较于2004年，增长幅度高达77.90%，排名位次由35/49变化为35/51[①]。从全球范围来看，中国海洋经济发达程度处于世界中下游水平，由于所选指标主要衡量海洋贸易或流通资本占GDP的比重，我国经济体量较大，产业结构多样，一定程度上会导致海洋贸易开放指数和资本流通开放指数得分较低。但与其他经济总量同样较大的国家相比，我国"上市公司的市场资本总额与该国GDP的比值"这一指标得分明显偏低，提高上市公司资本总额在国民生产总值中的比重，将是加速资本流通，实现海洋经济开放发展的重要途径之一。

---

① 2013—2015年增加了丹麦和西班牙2个样本国家。

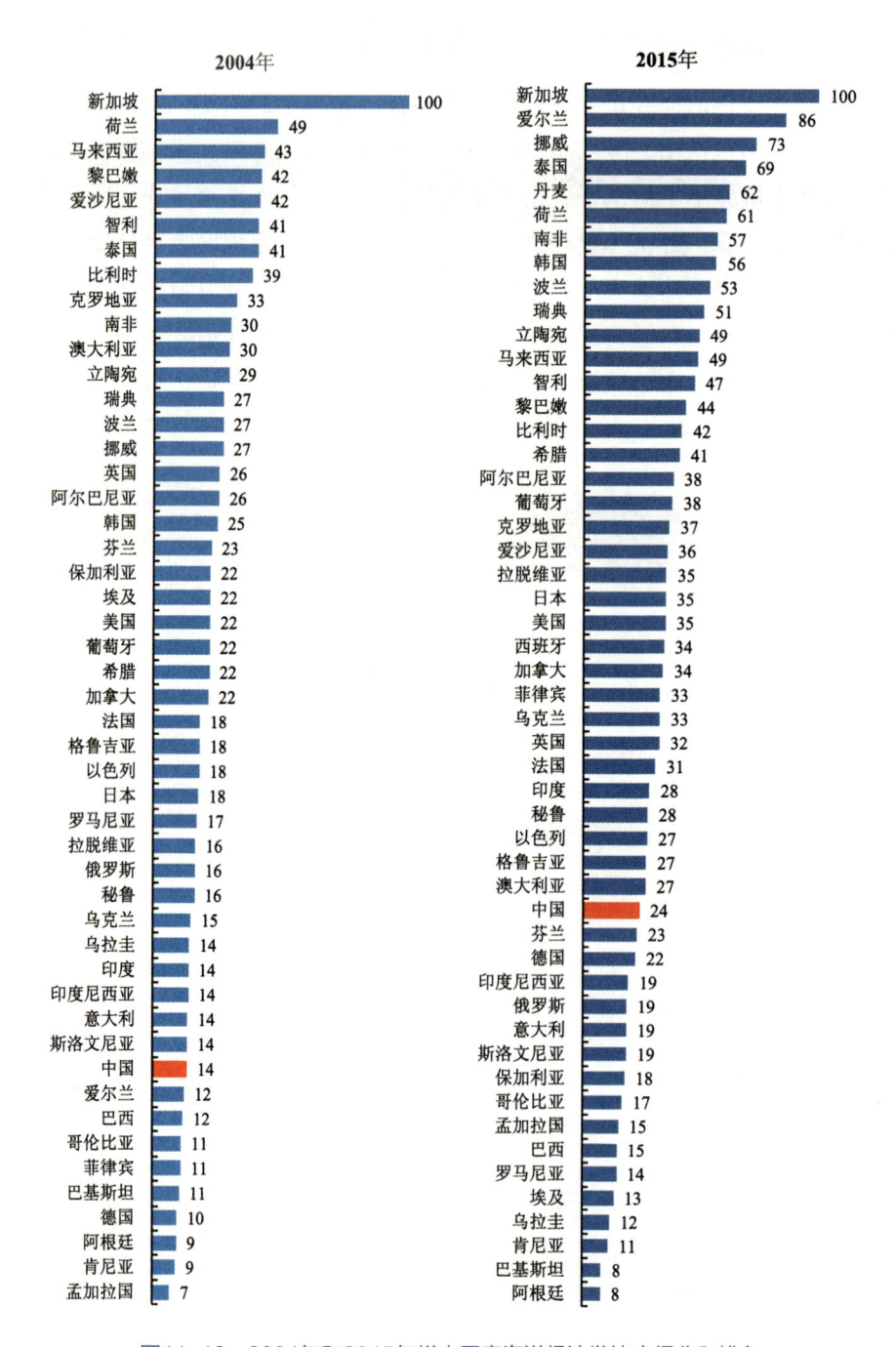

2004年		2015年	
新加坡	100	新加坡	100
荷兰	49	爱尔兰	86
马来西亚	43	挪威	73
黎巴嫩	42	泰国	69
爱沙尼亚	42	丹麦	62
智利	41	荷兰	61
泰国	41	南非	57
比利时	39	韩国	56
克罗地亚	33	波兰	53
南非	30	瑞典	51
澳大利亚	30	立陶宛	49
立陶宛	29	马来西亚	49
瑞典	27	智利	47
波兰	27	黎巴嫩	44
挪威	27	比利时	42
英国	26	希腊	41
阿尔巴尼亚	26	阿尔巴尼亚	38
韩国	25	葡萄牙	38
芬兰	23	克罗地亚	37
保加利亚	22	爱沙尼亚	36
埃及	22	拉脱维亚	35
美国	22	日本	35
葡萄牙	22	美国	35
希腊	22	西班牙	34
加拿大	22	加拿大	34
法国	18	菲律宾	33
格鲁吉亚	18	乌克兰	33
以色列	18	英国	32
日本	18	法国	31
罗马尼亚	17	印度	28
拉脱维亚	16	秘鲁	28
俄罗斯	16	以色列	27
秘鲁	16	格鲁吉亚	27
乌克兰	15	澳大利亚	27
乌拉圭	14	中国	24
印度	14	芬兰	23
印度尼西亚	14	德国	22
意大利	14	印度尼西亚	19
斯洛文尼亚	14	俄罗斯	19
中国	14	意大利	19
爱尔兰	12	斯洛文尼亚	19
巴西	12	保加利亚	18
哥伦比亚	11	哥伦比亚	17
菲律宾	11	孟加拉国	15
巴基斯坦	11	巴西	15
德国	10	罗马尼亚	14
阿根廷	9	埃及	13
肯尼亚	9	乌拉圭	12
孟加拉国	7	肯尼亚	11
		巴基斯坦	8
		阿根廷	8

图11-12　2004年和2015年样本国家海洋经济发达度得分和排名

（三）海洋社会通达度领跑全球

2015年中国海洋社会通达度得分为100分，处于世界领跑地位，相比于2004年，排名由第11位上升至全球首位，发展势头迅猛，主要得益于我国高度发达的港口运输业。

从发展中国家来看，2004年海洋社会通达度得分全球排名前10位的国家全部为发达国家，中国仅处于第11位。而2015年，中国和阿尔巴尼亚该指标得分占据全球前两位，黎巴嫩、马来西亚和乌拉圭也均冲进全球前10。所不同的是，马来西亚和乌拉圭的通信开放指数得分处于全球领先水平，阿尔巴尼亚和黎巴嫩则是得益于人员往来开放指数。

对比金砖国家海洋社会通达度得分和排名，2004年中国、俄罗斯、印度和巴西分别为78分（11）、42分（31）、23分（46）和35分（37），2015年分别为100分（1）、72分（9）、36分（49）和57分（32）。从得分来看，4个国家海洋社会通达度均有不同程度的上升，中国、俄罗斯和巴西上升幅度相对明显。从排名来看，仅有印度的海洋社会通达度度排名略有下滑，其余3个国家排名均呈现不同程度的上升。

全球蓝色经济定量研究

2004年

国家	得分
英国	100
美国	94
德国	92
新加坡	90
荷兰	88
日本	85
韩国	85
比利时	81
瑞典	79
挪威	79
中国	78
意大利	78
澳大利亚	76
阿尔巴尼亚	73
法国	72
芬兰	68
黎巴嫩	67
爱沙尼亚	64
马来西亚	64
葡萄牙	62
加拿大	62
希腊	62
克罗地亚	61
以色列	59
斯洛文尼亚	58
爱尔兰	53
保加利亚	52
立陶宛	51
拉脱维亚	47
波兰	43
俄罗斯	42
阿根廷	41
埃及	41
智利	40
南非	40
泰国	40
巴西	35
乌拉圭	33
哥伦比亚	30
菲律宾	28
秘鲁	28
印度尼西亚	27
乌克兰	27
罗马尼亚	27
格鲁吉亚	25
印度	23
巴基斯坦	22
肯尼亚	18
孟加拉国	7

2015年

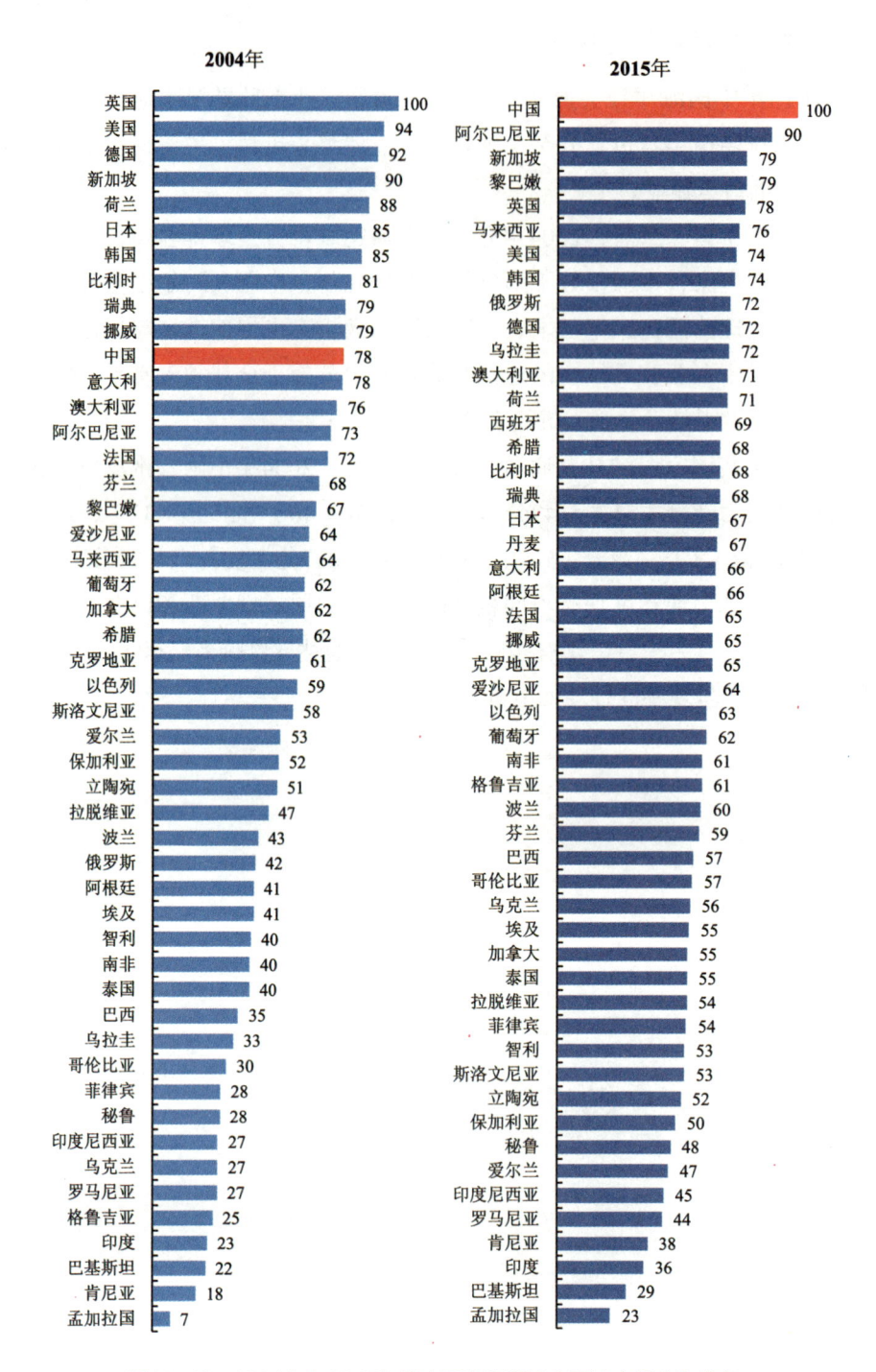

国家	得分
中国	100
阿尔巴尼亚	90
新加坡	79
黎巴嫩	79
英国	78
马来西亚	76
美国	74
韩国	74
俄罗斯	72
德国	72
乌拉圭	72
澳大利亚	71
荷兰	71
西班牙	69
希腊	68
比利时	68
瑞典	68
日本	67
丹麦	67
意大利	66
阿根廷	66
法国	65
挪威	65
克罗地亚	65
爱沙尼亚	64
以色列	63
葡萄牙	62
南非	61
格鲁吉亚	61
波兰	60
芬兰	59
巴西	57
哥伦比亚	57
乌克兰	56
埃及	55
加拿大	55
泰国	55
拉脱维亚	54
菲律宾	54
智利	53
斯洛文尼亚	53
立陶宛	52
保加利亚	50
秘鲁	48
爱尔兰	47
印度尼西亚	45
罗马尼亚	44
肯尼亚	38
印度	36
巴基斯坦	29
孟加拉国	23

图11-13　2004年和2015年样本国家海洋社会通达度得分和排名

（四）海洋政治开放度稳居世界上游

中国海洋政治开放程度保持全球高位水平，但在指数得分和排名方面均出现下滑。2004年中国海洋政治开放度得分为98分，全球排名第4位；2015年得分下降至95分，排名下滑至第7位。尽管发展优势略有衰退，但不可否认的是，中国在海洋政治开放领域有着坚实的发展基础。此外，根据图11-14，有两个关键问题值得注意：①个别发展相对落后的国家海洋政治开放度得分较高，如巴基斯坦、智利等，主要原因在于这些国家的海关手续负担或装备进口依存度较高；②部分国家海洋政治开放度得分可能会出现大幅波动，主要原因在于联合国安全理事会非常任理事国采取任期制，且不能连任，由此导致这些国家的国家政策开放指数波动较为明显。考虑到这一点，课题组拟在后续研究中寻找替换指标。

智利和中国作为发展中国家的代表国家，海洋政治开放水平长期保持在全球领先地位。智利海洋政治开放度得分保持全球前3位，其海关手续负担得分一直保持在全球较高水平。中国海洋政治开放度在得分和排名方面均出现了下滑，分析数据发现，2004—2015年海关手续负担得分上升，使得国家政策开放指数得分上升；但在研究区间内，武器进口依存度呈现下降趋势，从而导致海洋政治开放程度总体略有衰退。

2004年

国家	得分
巴基斯坦	100
罗马尼亚	100
智利	100
中国	98
德国	97
法国	96
英国	96
菲律宾	91
巴西	90
埃及	87
新加坡	87
格鲁吉亚	85
希腊	84
美国	81
韩国	81
瑞典	80
芬兰	80
爱沙尼亚	79
立陶宛	79
荷兰	78
斯洛文尼亚	78
印度	78
澳大利亚	78
挪威	78
爱尔兰	78
马来西亚	78
加拿大	77
比利时	77
葡萄牙	76
拉脱维亚	76
泰国	76
南非	76
乌拉圭	76
日本	75
波兰	75
肯尼亚	75
克罗地亚	75
意大利	74
保加利亚	73
阿尔巴尼亚	73
以色列	73
阿根廷	72
印度尼西亚	72
俄罗斯	71
孟加拉国	70
乌克兰	65
秘鲁	60
哥伦比亚	59
黎巴嫩	53

2015年

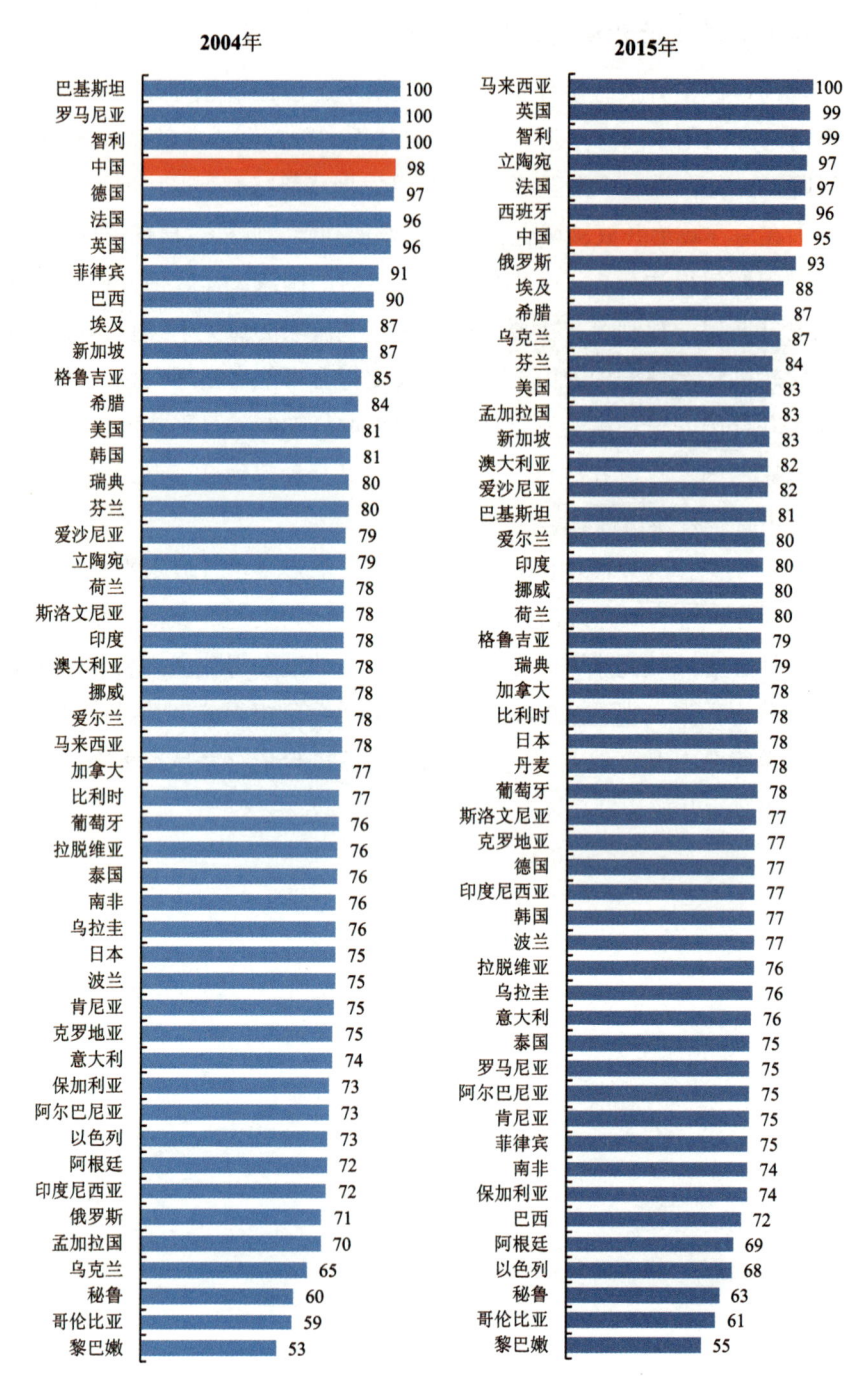

国家	得分
马来西亚	100
英国	99
智利	99
立陶宛	97
法国	97
西班牙	96
中国	95
俄罗斯	93
埃及	88
希腊	87
乌克兰	87
芬兰	84
美国	83
孟加拉国	83
新加坡	83
澳大利亚	82
爱沙尼亚	82
巴基斯坦	81
爱尔兰	80
印度	80
挪威	80
荷兰	80
格鲁吉亚	79
瑞典	79
加拿大	78
比利时	78
日本	78
丹麦	78
葡萄牙	78
斯洛文尼亚	77
克罗地亚	77
德国	77
印度尼西亚	77
韩国	77
波兰	77
拉脱维亚	76
乌拉圭	76
意大利	76
泰国	75
罗马尼亚	75
阿尔巴尼亚	75
肯尼亚	75
菲律宾	75
南非	74
保加利亚	74
巴西	72
阿根廷	69
以色列	68
秘鲁	63
哥伦比亚	61
黎巴嫩	55

图11-14 2004年和2015年样本国家海洋政治开放度得分和排名

（五）海洋科技合作度稳居全球前列

2015年中国海洋科技合作度得分为73分，全球排名第5位，与2004年相比，海洋科技合作度得分小幅上升，但全球位次没有发生变动，可见中国海洋科技开放水平相对稳定，并且呈现稳中向好的趋势。总体来看，荷兰、爱尔兰、新加坡、美国和中国海洋科技合作度得分稳居全球前列。2015年荷兰海洋科技合作度得分反超新加坡，居全球首位，且与爱尔兰存在较大差距。这5个国家在海洋科技领域各有自身优势，如荷兰接收的知识产权使用费占GDP的比重较高，爱尔兰则在支付的知识产权使用费占GDP的比重较高，美国在非本地居民专利申请数量方面优势明显，新加坡的信息和通信技术产品出口率得分较高，中国则在非本地居民商标申请数量方面占据绝对优势地位。

2004年

国家	得分
新加坡	100
爱尔兰	100
荷兰	97
美国	88
中国	67
马来西亚	60
菲律宾	59
加拿大	53
韩国	52
英国	51
日本	50
瑞典	49
以色列	44
芬兰	43
泰国	38
澳大利亚	37
德国	35
法国	33
印度	31
挪威	29
巴西	28
比利时	27
印度尼西亚	26
爱沙尼亚	25
阿根廷	22
俄罗斯	21
意大利	20
格鲁吉亚	16
葡萄牙	16
罗马尼亚	16
黎巴嫩	16
克罗地亚	16
波兰	16
斯洛文尼亚	15
南非	15
智利	15
拉脱维亚	13
哥伦比亚	13
埃及	12
希腊	12
乌克兰	12
秘鲁	11
立陶宛	11
保加利亚	11
乌拉圭	10
巴基斯坦	10
阿尔巴尼亚	9
孟加拉国	8
肯尼亚	7

2015年

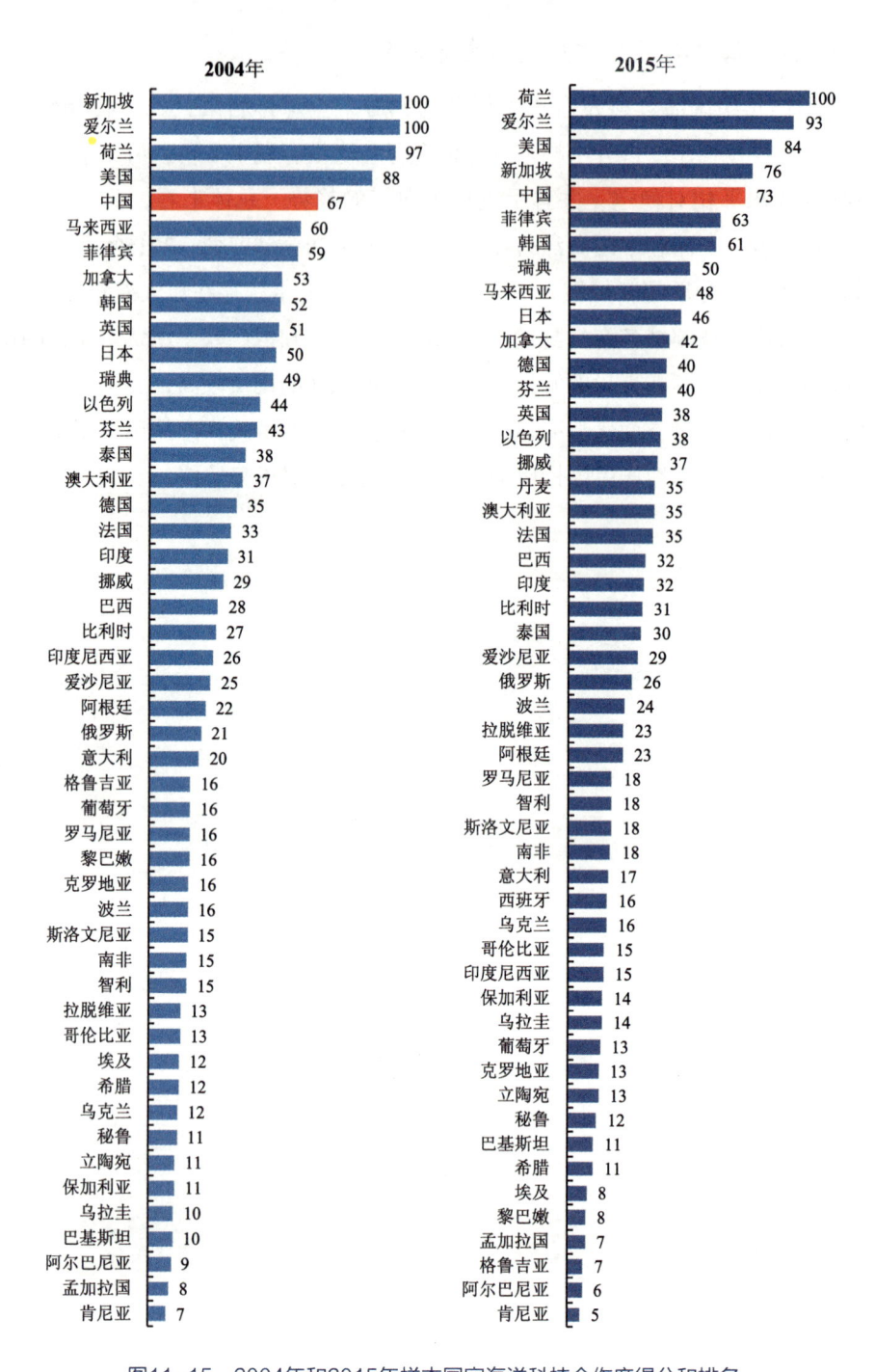

国家	得分
荷兰	100
爱尔兰	93
美国	84
新加坡	76
中国	73
菲律宾	63
韩国	61
瑞典	50
马来西亚	48
日本	46
加拿大	42
德国	40
芬兰	40
英国	38
以色列	38
挪威	37
丹麦	35
澳大利亚	35
法国	35
巴西	32
印度	32
比利时	31
泰国	30
爱沙尼亚	29
俄罗斯	26
波兰	24
拉脱维亚	23
阿根廷	23
罗马尼亚	18
智利	18
斯洛文尼亚	18
南非	18
意大利	17
西班牙	16
乌克兰	16
哥伦比亚	15
印度尼西亚	15
保加利亚	14
乌拉圭	14
葡萄牙	13
克罗地亚	13
立陶宛	13
秘鲁	12
巴基斯坦	11
希腊	11
埃及	8
黎巴嫩	8
孟加拉国	7
格鲁吉亚	7
阿尔巴尼亚	6
肯尼亚	5

图11-15　2004年和2015年样本国家海洋科技合作度得分和排名

第十二章　中国海洋经济全方位开放水平专题分析

中国改革开放的成就充分证明，对外开放是推动我国经济发展的强大动力。2016年8月17日，习近平总书记在推进"一带一路"建设工作座谈会上强调，必须树立全球视野，更加自觉地统筹国内和国际两个大局，全面谋划全方位对外开放大战略，以更加积极主动的姿态走向世界。

在全方位对外开放大战略背景下，制定海洋经济全方位开放指数不仅有助于国家或地区全面及时地认识海洋经济开放现状，而且有利于海洋经济政策的制定和海洋经济决策的优化。本研究提出"海洋经济全方位开放"（All-round Openness Index of Marine Economy）这一概念，并基于其内涵分析，构建海洋经济全方位开放的指标体系，对2000—2014年我国11个沿海省市的海洋经济全方位开放指数进行测度分析，以期为推动我国未来海洋经济发展提供理论支撑。

通过探讨海洋经济全方位开放指数的概念内涵，构建了海洋经济全方位开放指数的指标体系，并对我国11个沿海省市进行了测度与分析。结果表明，2000—2014年我国11个沿海省市（自治区）的海洋经济全方位开放指数可分为4个梯次：第Ⅰ梯次为上海市、广东省、山东省和浙江省；第Ⅱ梯次为福建省和江苏省；第Ⅲ梯次为辽宁省和海南省；第Ⅳ梯次为天津市、广西壮族自治区和河北省。各梯次历年指数排名有所变动，并且海洋经济开放结构各具特色。结合测度结果，提出了海洋经济全方位开放发展相关对策建议。

一、实证结果分析

基于海洋经济全方位开放指数评价指标体系，运用标杆分析法，对2000—2014年我国11个沿海省市（自治区）的海洋经济全方位开放指数进行测度，各省市（自治区）的指数得分如表12-1所示。

表12-1 2000—2014年沿海省市（自治区）海洋经济全方位开放指数得分

年份	上海市	广东省	山东省	浙江省	江苏省	福建省	辽宁省	海南省	天津市	广西壮族自治区	河北省
2000	95	89	100	92	74	74	56	44	52	38	28
2001	85	82	100	96	79	77	54	51	45	48	28
2002	99	100	98	100	88	82	60	46	60	44	32
2003	99	91	100	95	84	78	63	45	52	39	28
2004	94	89	100	90	85	71	60	40	48	37	24
2005	100	97	93	95	88	82	63	54	55	39	27
2006	96	100	92	87	84	79	60	58	55	40	30
2007	100	97	84	81	81	76	56	59	52	40	31
2008	100	97	88	93	81	83	64	67	50	43	34
2009	100	91	83	80	80	76	70	55	49	41	34
2010	100	97	92	83	89	84	66	64	51	42	35
2011	100	92	87	82	84	79	64	64	49	41	34
2012	100	93	87	81	82	78	60	59	49	46	33
2013	100	97	88	85	81	80	65	62	52	45	35
2014	100	94	83	81	76	76	60	59	47	43	35
平均值	98	94	92	88	82	78	62	55	51	42	31

基于系统聚类法，借助SPSS软件，对我国11个沿海省市（自治区）2000—2014年的海洋经济全方位开放指数平均值进行聚类分析（谱系聚类图见附录九），为便于归纳和总结，笔者对聚类分析结果稍作调整，将11个沿海省市（自治区）的海洋经济全方位开放水平划分成以下4个梯次（见图12-1）。

第Ⅰ梯次包括上海市、广东省、山东省和浙江省4个省市。2006年之前，四个省市的海洋经济全方位开放指数排名波动较大。但2007年至今，上海市的海洋经济全方位开放水平稳居全国首位，广东省紧随其后，山东省和浙江省交替居于沿海省市（自治区）的第3、第4位；第Ⅱ梯次包括江苏省和福建省两个省份。除2000年和2014年外，其余年份江苏省的海洋经济全方位开放指数均高于福建省，近年来两个省份的差距逐渐收敛；第Ⅲ梯次包括辽宁省、海南省和天津市3个省市，第Ⅳ梯次包括广西壮族自治区和河北省，这5个省市（自治区）的海洋经济全方位开放程度均处于全国中下游水平。

第十二章　中国海洋经济全方位开放水平专题分析

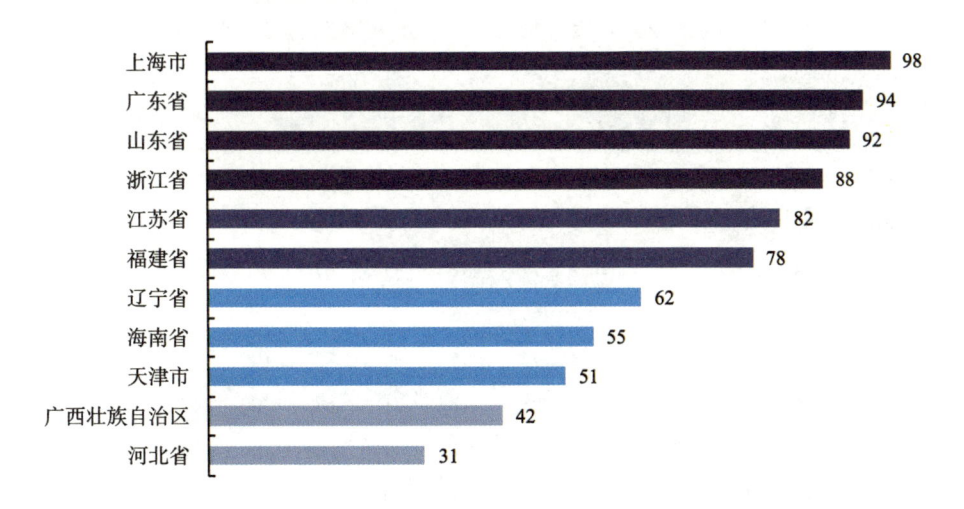

省市	得分
上海市	98
广东省	94
山东省	92
浙江省	88
江苏省	82
福建省	78
辽宁省	62
海南省	55
天津市	51
广西壮族自治区	42
河北省	31

图12-1　沿海11个省市（自治区）海洋经济全方位开放指数平均得分梯次分布

二、讨论与建议

从测算结果来看，2000—2014年我国11个沿海省市（自治区）的海洋经济全方位开放指数梯次差异显著，以下对各梯次的海洋经济全方位开放指数得分变化情况及其原因进行讨论。

（一）第Ⅰ梯次

第Ⅰ梯次省市的海洋经济全方位开放程度处于我国领跑地位。综合来看，上海市、广东省、山东省和浙江省在综合指数和3项分指数方面均处于优势地位，是中国海洋经济全方位开放的前沿（见表12-2和图12-2）。从海洋经济开放的结构来看，上海市、广东省、山东省和浙江省又具有各自的区域特征。其中，上海市在海洋经济开放分指数和海洋社会开放分指数方面明显领先，体现了上海市作为中国经济、金融和航运中心在全方位开放型海洋经济方面的优势；而山东省与广东省的优势体现在海洋科技开放分指数，充分证明了山东省作为我国海洋强省在海洋科研成果产出、海洋科技进步等方面取得的卓越成绩，以及广东省在海洋先进技术的获取与吸收、海洋科研成果的产出与交流等方面的突出表现；浙江省海洋社会开放水平相对稳定，海洋经济开放水平稳步上升，但海洋科技开放水平存在明显下降的趋势。

表12-2　2000—2014年第Ⅰ梯次省、市海洋经济全方位开放分指数得分

年份	上海市 经济	上海市 社会	上海市 科技	广东省 经济	广东省 社会	广东省 科技	山东省 经济	山东省 社会	山东省 科技	浙江省 经济	浙江省 社会	浙江省 科技
2000	100	100	34	93	60	68	87	66	95	57	72	100
2001	85	100	42	99	70	48	100	68	97	51	75	83
2002	100	100	45	96	71	81	87	67	91	71	77	100
2003	100	100	43	79	69	76	83	66	96	59	76	100
2004	100	100	48	75	75	85	90	73	100	62	76	98
2005	100	100	55	72	85	91	71	67	100	62	83	97
2006	100	100	56	78	92	97	79	66	100	71	73	90
2007	100	100	76	77	90	100	79	58	93	72	72	80
2008	100	100	82	90	84	100	92	62	94	98	79	85
2009	100	100	90	79	85	100	76	70	96	75	79	77
2010	100	100	73	78	85	100	77	79	95	74	77	76
2011	100	100	85	79	88	95	75	73	100	76	74	83
2012	100	100	84	79	84	100	73	74	100	76	74	79
2013	100	100	80	89	82	100	76	79	91	84	79	75
2014	100	100	77	79	81	100	66	67	96	72	77	76

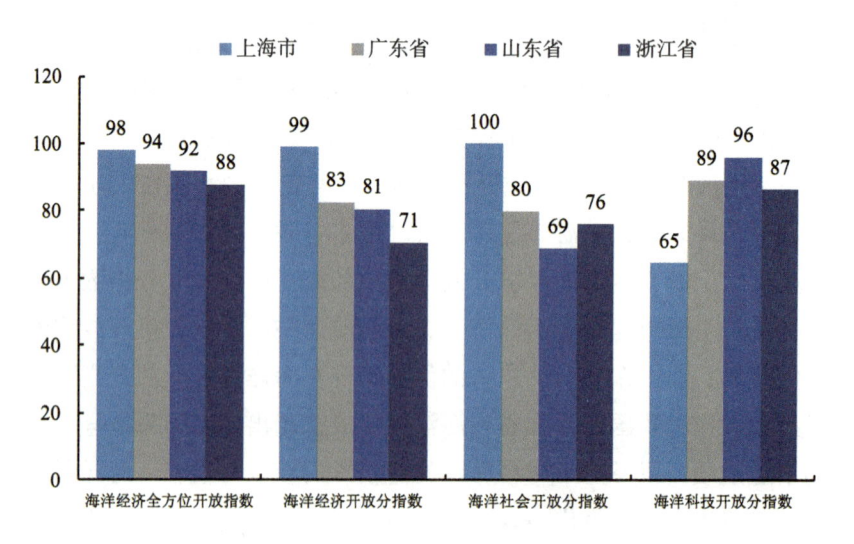

图12-2　第Ⅰ梯次省、市海洋经济全方位开放指数和分指数平均得分对比

从具体指标来看，以2000年和2014年为例（见表12-3），上海市在区域经济、海洋教育、通信开放等方面的开放水平处于绝对领先地位，并且在海洋科技进步领域的开放程度明显提高；广东省在通信开放、滨海旅游业开放和海洋科技进步开放方面夺得头魁；山东省在海洋科技成果开放领域处于领先地位，区域经济开放水平和海洋交通运输业开放水平有所提高；浙江省在区域经济开放和海洋交通运输业开放两个领域处于相对劣势地位。

表12-3　2000年和2014年第Ⅰ梯次省、市海洋经济全方位开放具体指标得分

指标/年份	上海市 2000	上海市 2014	广东省 2000	广东省 2014	山东省 2000	山东省 2014	浙江省 2000	浙江省 2014
海洋渔业开放	5	36	41	61	100	88	52	55
海洋交通运输业开放	100	64	25	17	10	13	16	37
滨海旅游业开放	92	81	100	100	63	61	59	83
区域经济开放	75	100	87	44	61	24	26	26
海洋教育开放	100	100	31	41	69	57	84	36
通信开放	100	91	67	100	35	55	50	88
文化开放	60	92	59	87	68	78	53	92
海洋科技成果开放	32	53	39	87	100	100	52	56
海洋科技进步开放	20	92	65	100	44	79	100	86

对海洋经济全方位开放第Ⅰ梯次地区来说，上海市应注重优化海洋产业布局，为海洋经济创新发展提供新动能，并继续培养海洋科技创新能力，提高在知识创造、成果交流方面的全球影响力。广东省的着力点则是增强物流技术对海洋交通运输业等专业化服务的支撑能力，优化海洋交通运输业服务模式，并基于此逐步改善区域经济、海洋教育、文化等方面的对内对外交流。山东省应注重区域经济开放、海洋交通运输开放等水平的提高。浙江省位于长三角地区，应加强与上海市等周边地区的交流与合作，找准定位，突出优势。

（二）第Ⅱ梯次

江苏省和福建省是我国海洋经济全方位开放指数处于第Ⅱ梯次的地区，两个省份在不同领域的发展各有侧重（见表12-4和图12-3）。其中，江苏省的海洋经济开放分指数、海洋社会开放分指数和海洋科技开放分指数均有不

同程度的提高；福建省的海洋经济开放分指数和海洋社会开放分指数相对较高，而海洋科技开放分指数得分明显偏低且略有下滑的趋势。

表12-4　2000—2014年第Ⅱ梯次省份海洋经济全方位开放分指数得分

年份	江苏省 经济	江苏省 社会	江苏省 科技	福建省 经济	福建省 社会	福建省 科技
2000	36	68	79	66	67	50
2001	51	75	83	83	69	52
2002	70	75	75	78	73	52
2003	46	80	81	62	74	56
2004	64	78	82	56	72	58
2005	61	82	82	76	75	58
2006	65	80	79	79	76	58
2007	68	78	77	81	73	55
2008	77	73	79	100	70	63
2009	67	88	77	85	76	59
2010	65	94	83	81	84	63
2011	63	91	86	86	78	61
2012	58	91	83	85	77	59
2013	61	90	76	93	78	51
2014	48	83	81	79	75	56

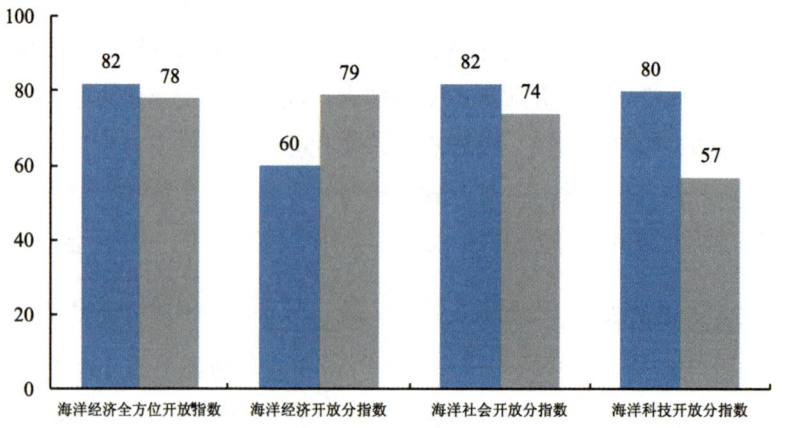

图12-3　第Ⅱ梯次省份海洋经济全方位开放指数和分指数平均得分对比

从具体指标来看，以2000年和2014年为例（见表12-5），江苏省在区域经济开放、海洋交通运输业开放领域表现相对较弱；福建省的文化开放指数处于绝对优势地位，海洋渔业开放程度显著提高。

表12-5　2000年和2014年第Ⅱ梯次省份海洋经济全方位开放具体指标得分

指标/年份	江苏省 2000	江苏省 2014	福建省 2000	福建省 2014
海洋渔业开放	19	23	38	100
海洋交通运输业开放	3	13	17	33
滨海旅游业开放	67	64	65	64
区域经济开放	8	36	59	25
海洋教育开放	79	73	16	29
通信开放	38	65	59	84
文化开放	59	97	100	100
海洋科技成果开放	37	66	26	41
海洋科技进步开放	82	66	50	63

对海洋经济全方位开放第Ⅱ梯次地区来说，江苏省同样位于长三角地区，应加强与上海市等周边地区的交流与合作，突出优势；福建省位于长三角和珠三角的过渡地带，且与中国台湾省一衣带水，应充分发挥其地理优势，在区域经济、海洋教育和海洋科技成果开放等领域力争上游。

（三）第Ⅲ梯次

海洋经济全方位开放指数位于第Ⅲ梯次的地区有辽宁省、海南省和天津市，从3项分指数得分来看，辽宁省、海南省和天津市的海洋经济开放分指数相差不大。天津市的海洋经济开放分指数较高，其他指标相对稳定；近年来，海南省的海洋经济开放分指数明显超过辽宁省，这可能归咎于海南省滨海旅游业的快速发展，带动了海洋交通运输业、区域经济等的发展，进而促进了海洋经济的开放。在海洋社会开放分指数和海洋科技开放分指数方面，辽宁省得分优于海南省（见表12-6和图12-4）。

表12-6　2000—2014年第Ⅲ梯次省、市海洋经济全方位开放分指数得分

年份	辽宁省 经济	辽宁省 社会	辽宁省 科技	海南省 经济	海南省 社会	海南省 科技	天津市 经济	天津市 社会	天津市 科技
2000	59	55	25	59	35	17	64	39	27
2001	60	56	28	77	36	23	48	40	30
2002	63	64	24	59	35	19	65	45	41
2003	64	57	35	53	35	22	50	44	35
2004	68	54	36	42	39	25	50	44	29
2005	62	69	28	59	47	32	55	48	36
2006	73	59	29	66	56	33	59	50	38
2007	76	49	30	76	56	30	59	45	39
2008	93	56	33	99	55	36	61	45	36
2009	79	70	53	71	54	35	59	47	37
2010	76	63	42	72	54	48	56	42	42
2011	75	54	53	76	49	57	55	38	45
2012	76	51	50	72	48	49	53	38	46
2013	77	50	56	85	45	43	62	37	47
2014	60	50	57	72	47	44	51	35	45

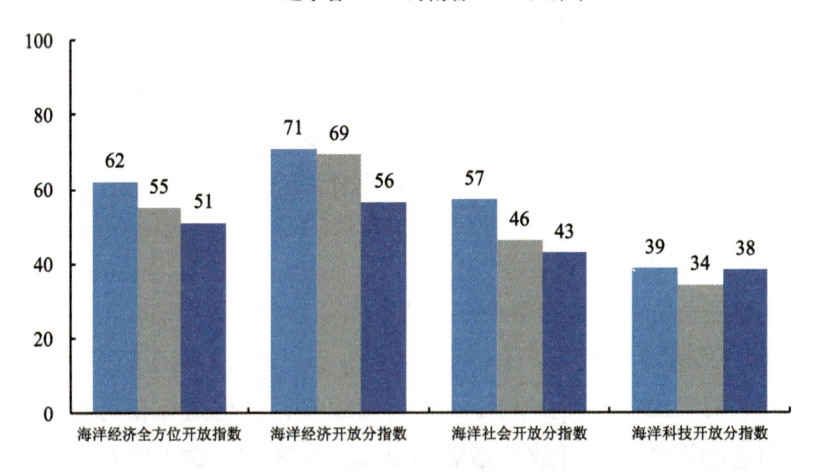

图12-4　第Ⅲ梯次省、市海洋经济全方位开放指数和分指数平均得分对比

从具体指标来看，以2000年和2014年为例（见表12-7），辽宁省海洋经济全方位开放的优势领域为海洋渔业开放和通信开放，且这两项指标近年来

都呈现上升趋势；海洋科技成果开放和海洋科技进步开放得分有明显增长，说明辽宁省的科技兴海工作取得了成效。海南省在海洋交通运输业开放的发展势头强劲，指标得分跃升全国第一，然而在海洋教育领域仍远落后于其他沿海省市。需要注意的是，滨海旅游业开放指标为国际旅游外汇收入与地区生产总值的比值和沿海地区旅行社数量，因此海南省的滨海旅游业开放指标的得分不高，只能说明相对于其他地区，海南省的国际旅游外汇收入与地区生产总值的比值较低或旅行社数量较少。天津市各项指标得分出现了不同程度的下滑，例如滨海旅游业开放、区域经济开放、海洋教育开放等。

对海洋经济全方位开放第Ⅲ梯次地区来说，辽宁省应进一步加强海洋渔业的开放，推进特色海洋产业园区建设，并将其作为促进海洋经济、海洋社会、海洋科技全方位开放发展的优良中继；海南省应建立与国际接轨的贸易和物流体系，充分利用海南省开放航权和部分境外旅行团落地签证政策，改革现行旅行社准入制度，放宽市场准入条件，积极吸引民资、外资投资海南省的滨海旅游业，努力促进海南省滨海旅游业和会展业的发展；天津市应该把握发展机会，重新找回区域经济开放的巅峰，着力营造更高水平对外开放环境。

表12-7　2000年和2014年第Ⅲ梯次省、市海洋经济全方位开放具体指标得分

指标/年份	辽宁省 2000	辽宁省 2014	海南省 2000	海南省 2014	天津市 2000	天津市 2014
海洋渔业开放	49	78	22	55	11	15
海洋交通运输业开放	10	9	54	100	26	20
滨海旅游业开放	56	43	44	25	37	50
区域经济开放	46	39	39	22	100	59
海洋教育开放	51	33	1	3	19	18
通信开放	55	66	65	75	69	59
文化开放	35	43	24	55	13	21
海洋科技成果开放	24	44	1	13	22	22
海洋科技进步开放	15	63	24	70	19	51

（四）第Ⅳ梯次

广西壮族自治区和河北省是我国海洋经济全方位开放指数处于第Ⅳ梯次的地区，海洋经济全方位开放水平整体较弱。从3项分指数得分来看，广西壮

族自治区的海洋经济开放分指数、海洋社会开放分指数和海洋科技开放分指数得分均高于河北省（见表12-8和图12-5）。

表12-8 2000—2014年第Ⅳ梯次省、自治区海洋经济全方位开放分指数得分

年份	广西壮族自治区 经济	广西壮族自治区 社会	广西壮族自治区 科技	河北省 经济	河北省 社会	河北省 科技
2000	31	39	25	28	37	5
2001	54	39	35	32	38	5
2002	38	44	27	32	41	6
2003	24	45	27	26	39	5
2004	21	48	28	23	34	6
2005	20	50	28	24	36	7
2006	31	48	28	35	38	7
2007	34	49	27	34	34	19
2008	41	50	31	40	36	20
2009	35	51	33	35	41	23
2010	33	52	29	35	43	17
2011	35	50	32	34	39	22
2012	32	49	38	32	41	20
2013	38	51	37	35	44	19
2014	26	54	40	26	41	29

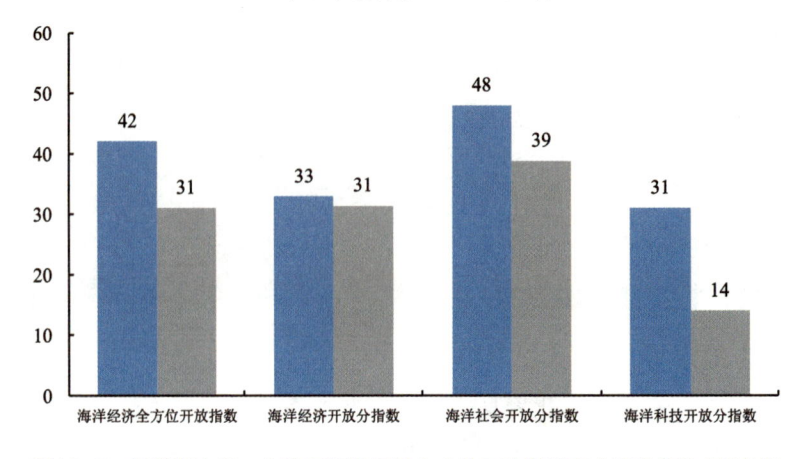

图12-5 第Ⅳ梯次省、自治区海洋经济全方位开放指数和分指数平均得分对比

从具体指标得分来看，河北省、广西壮族自治区的海洋交通运输业开放程度与其他沿海省市差距悬殊（见表12-9）。对海洋经济全方位开放第4梯次地区来说，广西壮族自治区和河北省应以其他沿海城市为标杆，立足自身优势，在新兴领域取得突破，走差异化的海洋经济全方位开放发展之路。

表12-9　2000年和2014年第Ⅳ梯次省、自治区海洋经济全方位开放具体指标得分

指标/年份	广西壮族自治区 2000	广西壮族自治区 2014	河北省 2000	河北省 2014
海洋渔业开放	17	23	13	17
海洋交通运输业开放	1	5	1	2
滨海旅游业开放	44	35	37	38
区域经济开放	20	11	24	16
海洋教育开放	8	11	11	14
通信开放	44	61	35	64
文化开放	49	80	51	38
海洋科技成果开放	5	20	2	31
海洋科技进步开放	33	55	6	23

三、结语

本研究对我国11个沿海省市（自治区）的海洋经济全方位开放指数进行了测度与排序，需要说明的是，指数得分不是直接衡量海洋经济全方位开放的绝对水平，而是反映了地区之间进行横向比较时所处的相对位置。因此个别地区得分的绝对高低只能说其相对于其他地区的领先或落后。此外，受海洋统计资料与数据限制，本研究的指标设置与处理仍有不足，今后将继续搜集数据并改进算法。

在国家"海洋强国"战略和"21世纪海上丝绸之路"战略背景下，海洋经济迎来千载难逢的全方位开放发展机遇。应坚持创新、协调、绿色、开放、共享的发展理念，按照"拓展蓝色经济空间"的战略部署，以"资源共享、优势互补、共同发展"为合作目标，引进来与走出去并重，逐步推动海洋经济全方位对外开放，实现我国海洋经济的新一轮腾飞。

第十三章　中国沿海城市全球化发展水平专题分析

随着蓝色国土开发强度和规模迅猛发展，海洋已经成为经济全球化、区域经济一体化的联系和纽带，在全球经济中的地位和作用日益显现。经济全球化使得世界经济布局加速向沿海地区聚集，世界沿海国家或地区的蓝色经济也不断升温。由此可见，蓝色经济与全球化是相互联系、相辅相成的有机统一体。

全球化为中国经济的腾飞创造了宝贵的机遇，沿海城市凭借得天独厚的地理区位优势和政策倾斜优势，成为我国经济全球化的最早受益者，其全球化水平和质量在我国全球化发展战略格局中具有重要作用，但目前国内仍缺少对该区域全球化水平测度的相关研究。鉴于此，本研究探索构建测度全球化水平的综合指数——全球化城市发展指数（Global City Development Index，GCDI），并以我国沿海地级以上城市为研究对象，运用主成分分析法和聚类分析法，对2015年沿海城市的全球化发展水平进行实证分析。研究表明：影响沿海城市全球化水平的因子可归结为城市整体实力和居民生活质量两个因子；沿海城市的全球化水平存在显著的梯度差异，具体表现为空间范围内呈现出"南高北低"的格局，全球化水平和各梯次城市数量呈"阶梯形"分布；行政和地理区位因素在我国全球化进程中发挥着重要作用。

一、实证结果分析

基于国内外全球化水平测算的相关研究，本章拟通过构建全球化城市发展指数（GCDI）对2015年中国沿海地级以上城市的全球化水平进行测算，测算方法选取经济评价过程中最常用的主成分分析法，各指标数据来自于《中国城市统计年鉴2016》、各城市的《城市统计年鉴》、中国领事服务网、中国国际友好城市联合会网站等。

第十三章 中国沿海城市全球化发展水平专题分析

根据各主成分因子对应的累积贡献率与总累计贡献率的比值,赋予不同的权重进行加权后得到全球化城市发展指数的综合得分。为了便于比较分析,本章对全球化城市发展指数进行聚类分析。在此基础上对聚类分析结果稍作调整,划分成以下5个梯次(见图13-1),具体如下:

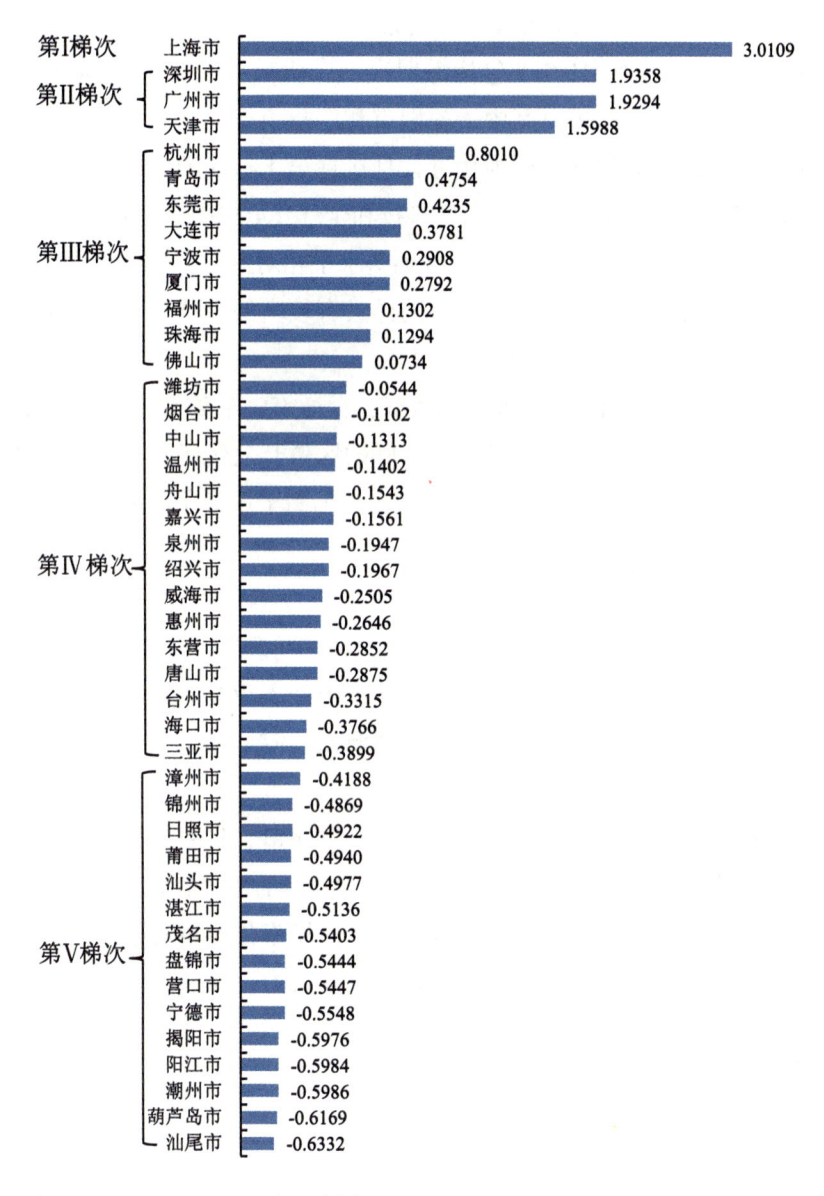

梯次	城市	得分
第I梯次	上海市	3.0109
第II梯次	深圳市	1.9358
	广州市	1.9294
	天津市	1.5988
第III梯次	杭州市	0.8010
	青岛市	0.4754
	东莞市	0.4235
	大连市	0.3781
	宁波市	0.2908
	厦门市	0.2792
	福州市	0.1302
	珠海市	0.1294
	佛山市	0.0734
第IV梯次	潍坊市	-0.0544
	烟台市	-0.1102
	中山市	-0.1313
	温州市	-0.1402
	舟山市	-0.1543
	嘉兴市	-0.1561
	泉州市	-0.1947
	绍兴市	-0.1967
	威海市	-0.2505
	惠州市	-0.2646
	东营市	-0.2852
	唐山市	-0.2875
	台州市	-0.3315
	海口市	-0.3766
	三亚市	-0.3899
第V梯次	漳州市	-0.4188
	锦州市	-0.4869
	日照市	-0.4922
	莆田市	-0.4940
	汕头市	-0.4977
	湛江市	-0.5136
	茂名市	-0.5403
	盘锦市	-0.5444
	营口市	-0.5447
	宁德市	-0.5548
	揭阳市	-0.5976
	阳江市	-0.5984
	潮州市	-0.5986
	葫芦岛市	-0.6169
	汕尾市	-0.6332

图13-1 2015年沿海城市GCDI综合得分、排名及梯次划分

第Ⅰ梯次（GCDI>2）仅包括上海市，全球化水平居于沿海城市之首。从具体指标来看，除社会发展因子外，其余3项因子排名均为第一，特别是在经济基础和全球化开放领域，占据着绝对优势的地位。但随着上海市的城市人口数量逐渐超过其承载力水平，交通、住房、环境等一系列社会问题也随之涌现，导致其社会发展因子得分相对较低。

第Ⅱ梯次（1<GCDI<2）包括深圳市、广州市和天津市3个城市，全球化程度处于国内高位水平。其中，深圳市和广州市作为珠江三角洲城市群的两大中心城市，全球化程度极为相近，且接近第Ⅰ梯次的发展水平。具体来看，深圳市和广州市在经济、社会、科技和全球化4个领域均处于全国前列，深圳市社会发展因子排名第1，但科技创新水平相对落后；而广州市的社会发展因子得分相对较低。此外，天津市同样具有较高的全球化水平，但受到首都北京市的影响，各领域发展相对一般。

第Ⅲ梯次（0<GCDI<1）包括杭州市、青岛市、东莞市等9个城市，这些城市多为传统海洋强市，亦或是拥有良好的区位开放优势，全球化表现出强劲的发展势头。杭州市GCDI得分为0.8010，远高于该梯次内的其他城市，而其余城市GCDI得分均在0.500以下。

第Ⅳ梯次（-0.4<GCDI<0）包括潍坊市、烟台市、中山市等15个城市，全球化水平相对落后。总体来看，这些城市的整体发展实力处于全国中游水平，发展优势不突出，导致在国际竞争中处于相对劣势的地位。但不难发现，这些城市多为我国重要的港口、资源或旅游型城市，全球化发展潜力巨大。

第Ⅴ梯次（GCDI<-0.4）包括漳州市、锦州市、日照市等15个城市，相对而言，全球化发展仍处于起步阶段。相较于前4个梯次的城市，这些城市大多具有一个共同特点，即城市发展水平较低。城市化质量是推动全球化进程的基础，该梯次城市必须首先要提高自身发展实力，才能取得竞争优势，进而提高全球化水平。

二、规律总结

基于主成分分析和聚类分析结果，可以发现，我国沿海城市在全球化进程中存在以下特点和规律：

（一）城市整体实力和居民生活质量影响全球化水平

由主成分分析结果可知（见表13-1），影响沿海城市全球化发展水平的主要因子可以归结为城市整体实力和居民生活质量两个因子。其中，城市整体实力即城市经济基础、社会建设、科技创新、全方位开放等领域的综合水平，反映一个城市的总体建设状况；而居民生活质量则从微观角度衡量了城市在科技、教育、文化、卫生等领域的现状，反映出城市的人均发展状况，也就是说，在保证城市整体实力发展到一定规模的前提下，提高居民生活质量，实现总量和人均的协调发展，城市全球化水平才能实现质的提升。

表13-1 第二次主成分分析旋转后的因子载荷矩阵

变量	成分 f_1	成分 f_2
基础设施因子	0.965	
科技创新因子	0.962	
全球化水平因子	0.955	
经济基础因子	0.873	
生活质量因子		0.992

此外，由表13-1还可以发现，城市整体实力因子是GCDI的第一主成分因子，解释了70%以上的总方差。该因子具体涵盖了基础设施、科技创新、全球化水平和经济基础4个维度，显而易见，GDP是影响城市整体实力的重要因素，那么，GDP和GCDI之间必然存在一定的相关关系。运用SPSS软件对GCDI和GDP进行Pearson相关性检验（见表13-2），可以发现GCDI与GDP在99%的置信水平下显著相关；Pearson相关系数为0.964>0，证明二者存在显著的正相关关系。由此可见，城市经济实力在全球化进程中发挥着重要作用。

表13-2　沿海城市GCDI与GDP的Pearson相关性检验

		GDP	GCDI
GDP	Pearson相关性	1	0.964**
	显著性（双侧）		0
	N	43	43
GCDI	Pearson相关性	0.964**	1
	显著性（双侧）	0	
	N	43	43

注：**在0.01水平（双侧）上显著相关。

（二）沿海城市全球化水平表现出显著的梯度差异

基于聚类分析结果可知，沿海城市全球化水平呈现出显著的梯度差异，具体表现在全球化水平、城市数量和空间分布3个方面：

在全球化水平方面，沿海城市的全球化发展水平差距悬殊。其中，上海市GCDI得分为3.0109，远高于其他沿海城市，而汕尾市得分最低，仅为-0.6332，二者极差高达3.6441。根据各梯次得分特征可知，第Ⅰ梯次GCDI得分在2以上，第Ⅱ梯次GCDI得分在1~2之间，第Ⅲ梯次GCDI得分在0~1之间，第Ⅳ和Ⅴ梯次GCDI得分则均为负值。总体而言，各梯次GCDI得分差距较大，全球化水平存在明显的梯度差异，其中，前3个梯次城市的全球化发展处于高位水平，在我国全球化格局中占据重要地位，而第Ⅳ和第Ⅴ梯次城市的全球化仍处于起步阶段，发展潜力巨大。

在城市数量方面，沿海城市的全球化水平和各梯次城市数量之间呈现出明显的"阶梯形"分布，二者表现出反向变动关系（见图13-2）。其中，塔基是大量全球化水平较低的沿海城市，主要是第Ⅳ和第Ⅴ梯次，共有30个城市；其次是第Ⅲ和第Ⅱ梯次，分别有9个和3个城市；顶层则是位于第Ⅰ梯次的上海市。由此也证明了各沿海城市的全球化水平差距显著，同时也反映出，我国沿海城市的全球化总体上仍是以位于塔基的第Ⅳ、第Ⅴ梯次为主，全球化发展仍处于初级阶段。

第十三章　中国沿海城市全球化发展水平专题分析

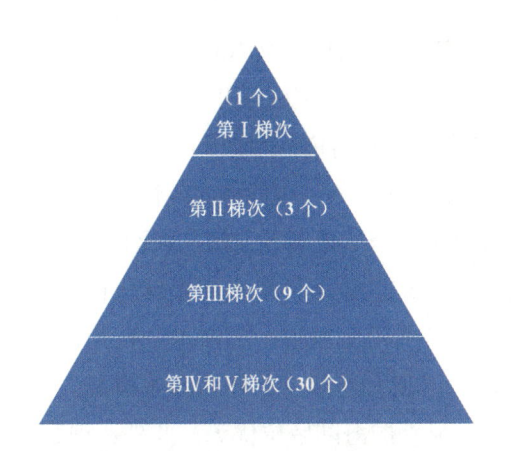

```
        (1个)
        第Ⅰ梯次

      第Ⅱ梯次（3个）

     第Ⅲ梯次（9个）

   第Ⅳ和Ⅴ梯次（30个）
```

图13-2　沿海城市GCDI得分的"阶梯形"分布

在空间分布方面，沿海城市的全球化水平呈现出"南高北低"的空间格局。从GCDI得分来看，北部地区平均得分为-0.0940，而南部地区平均得分为0.0410，明显高于北部地区；从各梯次城市数量来看，北部地区的沿海城市多位于第Ⅳ和第Ⅴ梯次，占比高达76.92%；而南部地区各梯次的城市数量较为均衡。此外，前3个梯次中有76.92%的沿海城市处于南部地区，这也再次反映出南方沿海城市的全球化水平高于北方。

表13-3　2014年中国北部和南部地区城市全球化发展水平

地区	城市数量	前3个梯次城市数量	比重	第Ⅳ梯次城市数量	比重	第Ⅴ梯次城市数量	比重	GCDI平均得分
北部地区	13	3	23.08%	5	38.46%	5	38.46%	-0.0940
南部地区	30	10	33.33%	10	33.33%	10	33.33%	0.0410

（三）行政和地理区位因素在我国全球化进程中发挥重要作用

1. 行政区位优势在全球化发展中占据主导地位

在GCDI得分处于前3个梯次的沿海城市中（共13个），上海市和天津市为直辖市，广州市、杭州市和福州市为省会型城市，深圳市、大连市、青岛市、宁波市和厦门市为计划单列市，这10个城市均具有一定的行政区位优势和政策倾斜优势，在这两个因素的共同推动下，城市全球化实现了迅速发展。

具体来看，上海市、深圳市和广州市作为我国经济发展的三大中心，全球化程度均已接近世界水平，吸引着全国甚至是国外的劳动力、资本、技术等

生产要素向此集聚；天津市作为四大直辖市之一，在承接北京市发展红利的同时，发挥自身比较优势，也成为我国国际开放的重要窗口；杭州市、福州市、青岛市、大连市、宁波市和厦门市6个城市在国家政策的支持下，在资源配置、涉外政策等方面享有一定特权，因此能实现快速发展，全球化程度较高。

2. 地理区位优势是决定全球化水平的第二大因素

毋庸置疑，良好的地理区位条件是实现全球化快速发展的重要因素。综观上述具有行政区位优势的沿海城市，上海市、杭州市和宁波市位于长三角城市群，天津市、青岛市和大连市位于环渤海城市群，深圳市和广州市位于珠三角城市群，均具有显著的海陆区位优势。此外，观察前3个梯次内的其他城市，舟山市是我国对外开放的主要海上门户和航运中心，东莞市、珠海市和佛山市背靠珠三角城市群，毗邻港澳，4个城市同样具有优越的地理区位条件，全球化得以迅速发展。可见，除行政区位优势外，地理区位优势是决定沿海城市全球化水平的第二大因素。

三、结语

当前，世界处于全球化发展的新时期，全球化给世界经济，特别是给广大发展中国家，带来了巨大的发展契机。在这种战略环境下，中国应不遗余力地推进"一带一路"建设，制定全球化海洋战略，打造全方位对外开放新格局，以积极的战略和行动推进全球化进程。具体来看，应进一步提高上海市、广州、深圳市和天津市的全球化水平，使其全球化程度达到世界水准；第Ⅲ梯次城市作为提升我国全球化水平的中坚力量，应重点加强这些城市的全球化建设，并充分发挥前3个梯次城市的增长极作用，以带动各自区域内第Ⅳ、第Ⅴ梯次城市的城市化质量和全球化水平。

此外，本研究首次采用两次主成分分析法进行综合评价，经尝试发现，该方法能较为有效地消除因城市内部发展不协调而造成的主成分因子得分偏差，而且分别对各维度进行主成分分析，能够放宽对具体指标总数的限制，具有一定的科学性和实用性。但是，受制于数据的可获得性，各维度的具体指标个数相对较少，由此造成主成分因子的累积贡献率降低，一定程度上会损失部分原始数据的信息，这将是今后研究中重点关注和改进的方向之一。

第四篇　附录

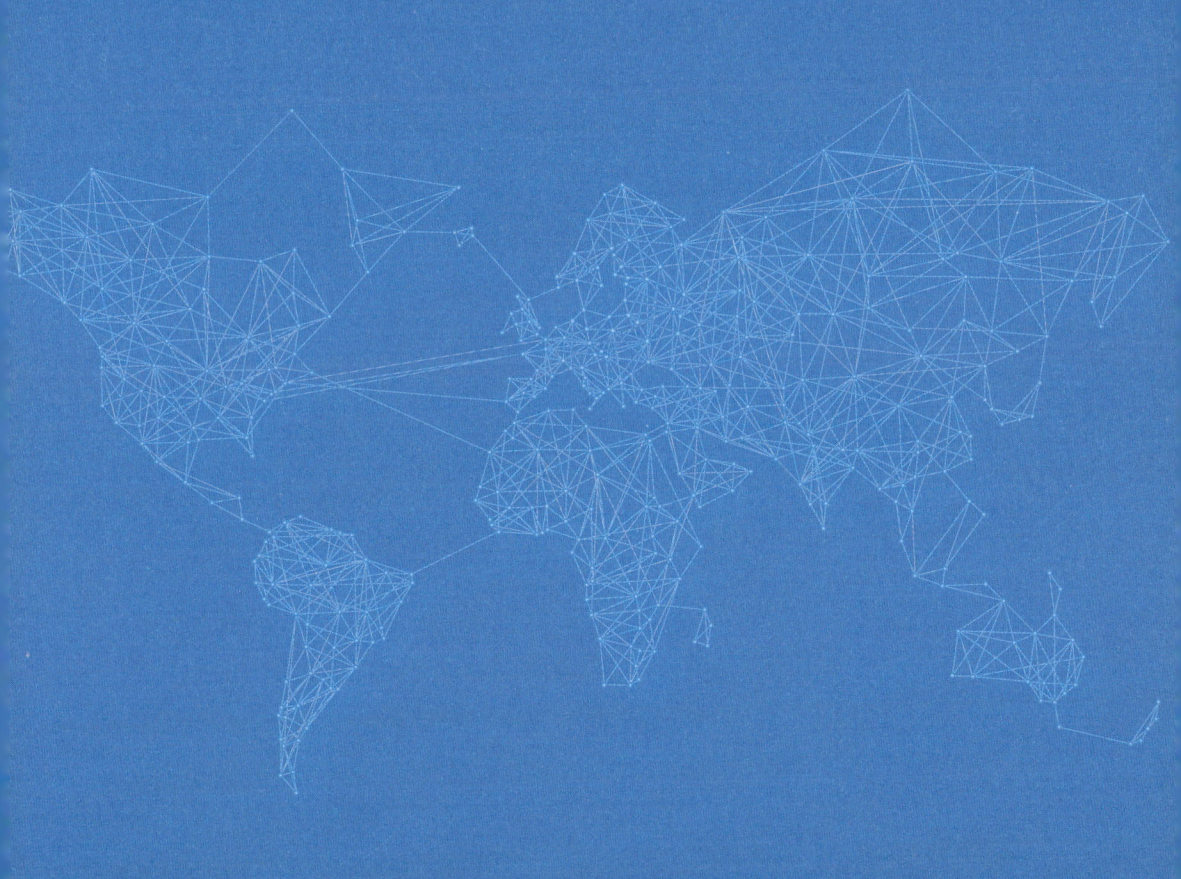

附录一 蓝色经济指数评价指标体系

基于蓝色经济指数的概念内涵及指标选取原则，综合考虑数据的完整性和可获得性，蓝色经济指数指标体系共包含4个一级指标，10个二级指标和25个三级指标，具体如下：

附表1-1 全球蓝色经济指数评价指标体系

综合指标	一级指标	二级指标	三级指标
蓝色经济指数	A_1海洋经济发达度	B_1海洋贸易	C_1渔业商品进口依存度（%）
			C_2渔业商品出口依存度（%）
			C_3船舶及浮动结构体进口依存度（%）
			C_4船舶及浮动结构体出口依存度（%）
			C_5服务贸易依存度（%）
		B_2资本流通	C_6直接外资净流入比率（%）
			C_7上市公司市场资本占GDP的比重（%）
	A_2海洋社会通达度	B_3海上交通	C_8班轮运输相关指数
			C_9集装箱吞吐量（标准箱）
		B_4人员往来	C_{10}国际旅游收入占总出口的比重（%）
			C_{11}国际旅游支出占总进口的比重（%）
		B_5通信开放	C_{12}互联网用户数（每百人）
			C_{13}移动蜂窝式无线通讯系统电话租用数（每百人）
	A_3海洋政治开放度	B_6国家政策	C_{14}海关手续负担值
			C_{15}国际事务参与程度
		B_7国家安全	C_{16}武器进口依存度（%）
	A_4海洋科技合作度	B_8科技产品	C_{17}高科技产品出口率（%）
			C_{18}信息和通信技术（ICT）产品进口率（%）
			C_{19}信息和通信技术（ICT）产品出口率（%）
			C_{20}信息和通信技术（ICT）服务出口率（%）
		B_9科技资金	C_{21}接收知识产权使用费占GDP的比重（%）
			C_{22}支付知识产权使用费占GDP的比重（%）
		B_{10}科技成果	C_{23}使用安全互联网服务器的数量（每百万人）
			C_{24}非本地居民商标申请数量（个）
			C_{25}非本地居民专利申请数量（个）

附录二　蓝色经济指数指标解释

C_1 渔业商品进口依存度（%）

$$\text{渔业商品进口依存度} = \frac{\text{渔业商品进口额}}{\text{国内生产总值}} \times 100\%$$

C_2 渔业商品出口依存度（%）

$$\text{渔业商品出口依存度} = \frac{\text{渔业商品出口额}}{\text{国内生产总值}} \times 100\%$$

C_3 船舶及浮动结构体进口依存度（%）

$$\text{船舶及浮动结构体进口依存度} = \frac{\text{船舶及浮动结构体进口额}}{\text{国内生产总值}} \times 100\%$$

C_4 船舶及浮动结构体出口依存度（%）

$$\text{船舶及浮动结构体出口依存度} = \frac{\text{船舶及浮动结构体出口额}}{\text{国内生产总值}} \times 100\%$$

C_5 服务贸易依存度（%）

$$\text{服务贸易依存度} = \frac{\text{服务贸易额}}{\text{国内生产总值}} \times 100\%$$

C_6 直接外资净流入比率（%）

$$\text{直接外资净流入比率} = \frac{\text{外国直接投资净流入额}}{\text{国内生产总值}} \times 100\%$$

C_7 上市公司市场资本占 GDP 的比重（%）

$$\text{上市公司市场资本占GDP的比重} = \frac{\text{上市公司市场资本总额}}{\text{国内生产总值}} \times 100\%$$

C_8 班轮运输相关指数

班轮运输相关指数表征各国与全球航运网络的连通程度。

C_9 集装箱吞吐量（标准箱）

集装箱吞吐量衡量沿海航运与国际航运的集装箱流量。

C_{10} 国际旅游收入占总出口的比重（%）

$$国际旅游收入占总出口的比重 = \frac{国际旅游收入总额}{总出口额} \times 100\%$$

C_{11} 国际旅游支出占总进口的比重（%）

$$国际旅游支出占总进口的比重 = \frac{国际旅游支出总额}{总出口额} \times 100\%$$

C_{12} 互联网用户数（每百人）

互联网用户数即指接入国际互联网的人数。

C_{13} 移动蜂窝式无线通信系统电话租用数（每百人）

移动蜂窝式无线通信系统电话租用数即租用使用蜂窝技术的公共移动电话服务。

C_{14} 海关手续负担值

海关手续负担用于衡量企业高管对其所在国海关手续的效率的看法。打分范围为1~7，分数越高表示效率越高。

C_{15} 国际事务参与程度

国际事务参与程度能够体现一个国家在国际社会中的地位和作用，本研究选取"是否为世界贸易组织成员国"、"是否为联合国安全理事会成员国"、"是否为国际刑事警察组织成员国"、"是否为联合国海洋法公约缔约国"、"是否为国际海事组织成员国"5个指标作为评判依据。其中，是赋值为1；否赋值为0。

C_{16} 武器进口依存度

$$武器进口依存度 = \frac{武器进口额}{国内生产总值} \times 100\%$$

C_{17} 高科技产品出口率（%）

$$高科技产品出口率 = \frac{高科技产品出口额}{制成品出口总额} \times 100\%$$

C_{18} 信息和通信技术（ICT）产品进口率（%）

$$信息和通信技术产品进口率 = \frac{信息和通信技术产品进口额}{产品进口总额} \times 100\%$$

C_{19} 信息和通信技术（ICT）产品出口率（%）

$$信息和通信技术产品出口率 = \frac{信息和通信技术产品出口额}{产品出口总额} \times 100\%$$

C_{20} 信息和通信技术（ICT）服务出口率（%）

$$信息和通信技术服务出口率 = \frac{信息和通信技术服务出口额}{服务出口总额} \times 100\%$$

C_{21} 接收知识产权使用费占GDP的比重（%）

$$接收知识产权使用费占GDP的比重 = \frac{接收的知识产权使用费}{国内生产总值} \times 100\%$$

C_{22} 支付知识产权使用费占GDP的比重（%）

$$支付知识产权使用费占GDP的比重 = \frac{支付的知识产权使用费}{国内生产总值} \times 100\%$$

C_{23} 使用安全互联网服务器的数量（每百万人）

使用安全互联网服务器的数量即指在互联网交易过程中使用加密技术的服务器。

C_{24} 非本地居民商标申请数量（个）

非本地居民商标申请数量即指非本地居民直接提交的商标申请。

C_{25} 非本地居民专利申请数量（个）

非本地居民专利申请数量即指非本地居民提交的专利申请。

附录三　蓝色经济指数评估方法

为客观对照分析和找准差异，蓝色经济指数采用国际上流行的标杆分析法，即洛桑国际竞争力评价采用的方法。标杆分析法是目前国际上广泛应用的一种评估方法，其原理是通过一定评价标准在被评价对象中选取最优值作为标杆，其他被评价对象通过与标杆值的比较发现差距，并通过排序得出最终评价结果。

1. 三级指标测算

设置每一项指标的最大值为标杆值，其得分为100，各指标得分为：

$$D_{ij}^t = \frac{100 x_{ij}^t}{X_{ij}^t}$$

式中，$i=1\sim25$，表示25个三级指标；$j=1\sim51$，表示纳入测算的51个国家；$t=2004-2015$，表示测算时间为2004—2015年。x_{ij}^t表示各国历年三级指标的原始数值，X_{ij}^t表示各国历年三级指标原始数值中的最大值，D_{ij}^t表示各国历年三级指标的最终得分。

2. 二级指标测算

根据各国三级指标最终得分，采用等权重法测算二级指标原始数值；采用第一步的标杆分析法，得出各国历年二级指标最终得分。

3. 一级指标测算

根据各国二级指标最终得分，采用等权重法测算一级指标原始数值；采用标杆分析法，得出各国历年一级指标最终得分。

4. 蓝色经济指数测算

根据历年各国一级指标最终得分，采用等权重法测算蓝色经济指数的原始数值，通过标杆分析法得到蓝色经济指数最终得分。

需要说明的是，标杆分析法用于衡量评估对象的相对水平，因此各级指标得分不是各国各项指标的绝对水平，而是反映各国进行横向比较的相对水平。

附录四 研究范围划分依据

1. 全球五大洲

基于全球蓝色经济指数评价指标体系，综合考虑数据的完整性和可获得性，本书共涉及全球51个国家，其中亚洲国家有14个（中国、新加坡、韩国、马来西亚、日本、泰国、菲律宾、黎巴嫩、以色列、印度、格鲁吉亚、印度尼西亚、巴基斯坦、孟加拉国）；欧洲国家有25个（荷兰、爱尔兰、英国、丹麦、瑞典、挪威、比利时、法国、德国、爱沙尼亚、芬兰、阿尔巴尼亚、克罗地亚、西班牙、希腊、葡萄牙、意大利、波兰、立陶宛、俄罗斯、拉脱维亚、斯洛文尼亚、保加利亚、乌克兰、罗马尼亚）；北美洲国家有2个（美国和加拿大）；南美洲国家有6个（智利、巴西、阿根廷、乌拉圭、秘鲁和哥伦比亚）；大洋洲包括澳大利亚1个国家；非洲国家有3个（南非、埃及和肯尼亚）。

2. 欧洲联盟

欧洲联盟，简称欧盟（European Union，EU），总部设在比利时的首都布鲁塞尔，截至2016年6月24日，欧盟共有28个成员国。法国、德国、意大利、荷兰、比利时、卢森堡为创始成员国，于1951年结盟。丹麦、爱尔兰、英国（包括直布罗陀）（1973年）[①]，希腊（1981年），西班牙和葡萄牙（1986年），奥地利、芬兰、瑞典（1995年）先后成为欧盟成员国。2004年5月1日，波兰、捷克、匈牙利、斯洛伐克、斯洛文尼亚、塞浦路斯、马耳他、拉脱维亚、立陶宛和爱沙尼亚10个国家同时加入欧盟。2007年，保加利亚和罗马尼亚加入欧盟；2013年，克罗地亚入盟。

本研究纳入测算的国家中属于欧盟成员国的共有21个，包括：爱尔兰、爱沙尼亚、保加利亚、比利时、波兰、德国、法国、芬兰、荷兰、克罗地亚、拉脱维亚、立陶宛、罗马尼亚、葡萄牙、瑞典、斯洛文尼亚、希腊、意大利、英国、丹麦和西班牙。

---

① 由于本书研究区间内英国尚未正式启动脱欧程序，因此将其纳入了欧盟分析框架内。

3. 北美自由贸易区

北美自由贸易区（North American Free Trade Area，简称NAFTA）是在区域经济集团化进程中，由美洲的发达国家和发展中国家组成，成员国有美国、加拿大和墨西哥3个国家，其作用主要在于消除贸易障碍。

本研究纳入测算的国家中属于北美自由贸易区成员国的共有美国和加拿大2个国家。

4. 东南亚国家联盟

东南亚国家联盟（Association of Southeast Asian Nations），简称东盟（ASEAN），成员国有马来西亚、印度尼西亚、泰国、菲律宾、新加坡、文莱、越南、老挝、缅甸和柬埔寨10个国家。

本研究纳入测算的国家中属于东盟成员国的共有5个：菲律宾、马来西亚、泰国、新加坡和印度尼西亚。

5. 东北亚经济圈

东北亚指亚洲东北部的国家和地区，目前东北亚经济圈没有一个明确的定义，一般认为是由中国的东北三省（包括中国内蒙古的东部地区）、俄罗斯远东、日本、韩国以及蒙古国东部地区等国家和相关地区之间，围绕诸多领域所开展的次区域国际经济合作圈。

本研究纳入测算的国家中属于东北亚经济圈的有中国、日本和韩国3个国家。由于国际上将俄罗斯划为欧洲国家，本书未将其纳入东北亚经济圈蓝色经济指数的测算。

6. 二十国集团（G20）

二十国集团（Group 20，G20）是一个国际经济合作论坛，由中国、阿根廷、澳大利亚、巴西、加拿大、法国、德国、印度、印度尼西亚、意大利、日本、韩国、墨西哥、俄罗斯、沙特阿拉伯、南非、土耳其、英国、美国以及欧盟共二十方组成。G20成员涵盖面广，代表性强，构成兼顾了发达国家和发展中国家以及不同地域利益平衡，这些国家的国内生产总值约占全球的90%，贸易额占全球的80%，人口占全球总人口的67%，国土面积约占全球的60%。

二十国集团属于非正式论坛，旨在促进工业化国家和新兴市场国家就国际经济、货币政策和金融体系的重要问题开展富有建设性和开放型的对话，并通过对话，为有关实质问题的讨论和协商奠定广泛基础，以寻求合作并推动国际金融体制的改革，加强国际金融体系架构，促进经济的稳定和持续增长。此外，G20还为处于不同发展阶段的主要国家提供了一个共商当前国际经济问题的平台。同时，G20还致力于建立全球公认的标准，例如在透明的财政政策、反洗钱和反恐怖融资等领域率先建立统一标准。

7."一带一路"沿线国家

"一带一路"（the Belt and Road）是"丝绸之路经济带"和"21世纪海上丝绸之路"的简称，旨在借助既有的、行之有效的区域合作平台，通过"东出海"与"西挺进"，使中国与周边国家形成"五通"，以经贸合作为基石，在通路、通航的基础上通商，形成和平与发展的新常态。

据"中国一带一路网"数据显示，目前"一带一路"沿线国家共有70个，包括（排序不分先后）巴拿马、摩洛哥、印度、埃塞俄比亚、新西兰、波黑、黑山、土库曼斯坦、立陶宛、拉脱维亚、巴勒斯坦、阿尔巴尼亚、阿富汗、爱沙尼亚、巴基斯坦、斯洛文尼亚、克罗地亚、黎巴嫩、阿曼、巴林、也门、埃及、约旦、叙利亚、印度尼西亚、菲律宾、缅甸、文莱、东帝汶、不丹、阿联酋、泰国、越南、新加坡、以色列、阿塞拜疆、亚美尼亚、捷克、孟加拉国、白俄罗斯、柬埔寨、格鲁吉亚、匈牙利、伊拉克、伊朗、吉尔吉斯斯坦、老挝、哈萨克斯坦、卡塔尔、科威特、摩尔多瓦、马尔代夫、马来西亚、马其顿、蒙古、尼泊尔、波兰、保加利亚、罗马尼亚、塞尔维亚、沙特阿拉伯、斯洛伐克、塔吉克斯坦、俄罗斯、南非、斯里兰卡、韩国、土耳其、乌克兰、乌兹别克斯坦。

附录五 全球风电装机总量

附表5-1 2014年和2015年世界各国风电总装机量（兆瓦）

国家	2014年总装机量	2015年新增	2015年总装机量	国家	2014年总装机量	2015年新增	2015年总装机量
非洲	2536	953	3489	荷兰	2865	586	3431
南非	570	483	1053	罗马尼亚	2953	23	2976
摩洛哥	787	/	787	冰岛	2262	224	2486
埃及	610	200	810	奥地利	2089	323	2411
突尼斯	245	/	245	比利时	1959	274	2229
埃塞俄比亚	171	153	324	其他	6564	833	7387
约旦	2	117	119	拉丁美洲	8568	3652	12220
其他	151	/	151	巴西	5962	2754	8715
亚洲	141973	33859	175832	智利	764	169	933
中国	115242	30767	146009	乌拉圭	529	316	845
印度	22465	2623	25088	阿根廷	271	8	279
日本	2794	245	3038	巴拿马	35	235	270
韩国	610	225	835	哥斯达黎加	198	70	268
巴基斯坦	256	/	256	洪都拉斯	126	50	176
泰国	223	/	223	秘鲁	148	/	148
菲律宾	216	/	216	危地马拉	/	50	50
其他	167	/	167	加勒比地区	250	/	250
欧洲	134251	13805	147771	其他	285	/	285
德国	39128	6013	44947	北美洲	77935	10817	88749
西班牙	23025	/	23025	美国	65877	8595	74471
英国	12633	975	13603	加拿大	9699	1506	11205
法国	9285	1073	10358	墨西哥	2359	714	3073
意大利	8663	295	8958	大洋洲	4442	381	4823
瑞典	5425	615	6025	澳大利亚	3807	380	4187
波兰	3834	1266	5100	新西兰	623	/	623
西班牙	4947	132	5079	太平洋岛屿	12	1	13
荷兰	4881	217	5063	全球	369705	63467	432883
土耳其	3738	956	4694				

附录六　全球蓝色经济指数

1. 全球蓝色经济指数和一级指标历年得分

附表6-1　2004—2015年全球蓝色经济指数和一级指标平均得分

年份	综合指标	一级指标			
	蓝色经济指数	海洋经济发达度	海洋社会通达度	海洋政治开放度	海洋科技合作度
2004	50	23	55	79	32
2005	52	28	58	80	30
2006	54	26	61	80	31
2007	55	28	64	80	28
2008	57	36	66	81	28
2009	55	30	66	79	33
2010	58	29	66	80	28
2011	57	29	64	81	30
2012	57	28	65	75	29
2013	57	31	66	74	30
2014	59	33	66	80	29
2015	62	35	67	80	31
平均值	56	30	64	79	30

2. 全球51个国家蓝色经济指数平均得分

附表6-2　2004—2015年全球51个国家蓝色经济指数平均得分

国家	平均得分	国家	平均得分	国家	平均得分
孟加拉国	31	俄罗斯	50	澳大利亚	62
肯尼亚	35	波兰	52	德国	62
巴基斯坦	37	意大利	52	爱沙尼亚	62
哥伦比亚	39	立陶宛	53	法国	62
秘鲁	40	以色列	53	日本	63
印度尼西亚	42	希腊	53	比利时	64
罗马尼亚	43	南非	54	挪威	65
格鲁吉亚	44	黎巴嫩	54	瑞典	68
乌克兰	45	葡萄牙	54	马来西亚	70
印度	45	菲律宾	55	丹麦	71
埃及	45	智利	55	韩国	73
乌拉圭	46	克罗地亚	57	英国	74
斯洛文尼亚	47	阿尔巴尼亚	58	爱尔兰	76
保加利亚	47	西班牙	58	中国	76
阿根廷	47	加拿大	59	美国	77
巴西	48	泰国	60	荷兰	89
拉脱维亚	50	芬兰	60	新加坡	100

附录七　全球区域蓝色经济指数

1. 全球洲际蓝色经济指数和一级指标平均得分

附表7-1　全球各洲蓝色经济指数和一级指标平均得分

洲际	综合指数	一级指标			
	蓝色经济指数	海洋经济发达度	海洋社会通达度	海洋政治开放度	海洋科技合作度
北美洲	68	26	76	80	64
大洋洲	62	25	78	82	36
欧洲	59	32	69	80	29
亚洲	57	33	58	79	37
南美洲	46	22	53	74	17
非洲	45	24	46	79	10

2. 全球洲际蓝色经济指数历年得分

附表7-2　2004—2015年全球各洲蓝色经济指数平均得分

年份/洲际	北美洲	大洋洲	欧洲	亚洲	南美洲	非洲
2004	66	58	52	52	38	38
2005	69	57	55	52	41	40
2006	70	61	56	54	43	42
2007	70	63	58	56	43	45
2008	69	62	60	57	45	47
2009	67	57	57	56	45	42
2010	67	62	60	58	48	44
2011	67	63	59	59	49	47
2012	66	60	59	59	49	47
2013	67	63	59	59	48	45
2014	72	64	61	61	51	52
2015	72	64	64	63	51	52
平均值	68	62	59	57	46	45

3. 全球洲际海洋经济发达度历年得分

附表7-3　2004—2015年全球各洲海洋经济发达度平均得分

年份/洲际	北美洲	大洋洲	欧洲	亚洲	南美洲	非洲
2004	22	30	23	27	17	20
2005	27	20	30	30	20	27
2006	24	27	27	29	18	25
2007	25	27	29	32	19	26
2008	30	29	37	38	28	35
2009	22	28	30	33	25	25
2010	20	21	31	32	22	18
2011	25	26	30	34	23	19
2012	21	21	29	31	22	19
2013	29	22	32	34	21	23
2014	35	24	35	36	19	25
2015	35	27	38	38	21	27
平均值	26	25	32	33	22	24

4. 全球洲际海洋社会通达度历年得分

附表7-4　2004—2015年全球各洲海洋社会通达度平均得分

年份/洲际	北美洲	大洋洲	欧洲	亚洲	南美洲	非洲
2004	78	76	63	50	35	33
2005	82	80	66	51	39	36
2006	82	81	70	53	45	40
2007	82	83	73	56	49	41
2008	81	85	74	57	52	43
2009	80	81	75	59	56	45
2010	77	78	72	61	58	50
2011	72	76	69	59	58	52
2012	72	74	69	61	61	55
2013	71	74	70	62	62	55
2014	70	77	69	63	62	55
2015	65	71	63	60	59	51
平均值	76	78	69	58	53	46

5. 全球洲际海洋政治开放度历年得分

附表7-5　2004—2015年全球各洲海洋政治开放度平均得分

年份/洲际	北美洲	大洋洲	欧洲	亚洲	南美洲	非洲
2004	79	78	80	80	76	79
2005	81	79	81	79	78	78
2006	82	80	81	80	79	79
2007	81	79	81	79	74	84
2008	82	80	84	81	72	85
2009	80	79	81	80	71	76
2010	81	81	81	81	75	79
2011	80	82	81	81	78	84
2012	74	75	76	75	68	77
2013	75	92	75	76	68	71
2014	80	100	80	79	76	76
2015	81	82	82	79	73	79
平均值	80	82	80	79	74	79

6. 全球洲际海洋科技合作度历年得分

附表7-6　2004—2015年全球各洲海洋科技合作度平均得分

年份/洲际	北美洲	大洋洲	欧洲	亚洲	南美洲	非洲
2004	71	37	29	41	17	12
2005	70	37	28	38	16	10
2006	70	37	29	38	16	10
2007	65	37	27	35	15	10
2008	63	36	27	33	15	9
2009	73	29	30	43	21	13
2010	60	38	28	33	15	10
2011	61	40	29	37	16	10
2012	59	36	28	34	16	9
2013	59	34	29	36	16	10
2014	59	33	29	35	17	10
2015	63	35	30	35	19	10
平均值	64	36	29	37	17	10

7. 经济组织（或经济圈）蓝色经济指数平均得分

附表7-7　各经济组织（或经济圈）蓝色经济指数和一级指标平均得分

经济组织 （或经济圈）	综合指数 蓝色经济指数	海洋经济 发达度	海洋社会 通达度	海洋政治 开放度	海洋科技 合作度
东北亚经济圈	71	28	84	87	56
北美自由贸易区	68	26	76	80	64
东南亚国家联盟	65	48	60	79	48
欧洲联盟	59	31	69	81	31

8. 经济组织（或经济圈）蓝色经济指数历年得分

附表7-8　2004—2015年各经济组织（或经济圈）蓝色经济指数平均得分

年份	东北亚经济圈	北美自由贸易区	东南亚国家联盟	欧洲联盟
2004	64	66	61	54
2005	67	69	60	56
2006	68	70	62	58
2007	70	70	64	59
2008	69	69	64	61
2009	72	67	64	57
2010	72	67	65	60
2011	72	67	67	59
2012	71	66	67	59
2013	73	67	67	59
2014	75	68	69	61
2015	76	72	72	64
平均值	71	68	65	59

9. 经济组织（或经济圈）海洋经济发达度历年得分

附表7-9　2004—2015年各经济组织（或经济圈）海洋经济发达度平均得分

年份	东北亚经济圈	北美自由贸易区	东南亚国家联盟	欧洲联盟
2004	19	22	42	24
2005	23	27	44	31
2006	22	24	43	28
2007	28	25	44	29
2008	34	30	49	36
2009	28	22	46	28
2010	27	20	46	30
2011	28	25	51	30
2012	25	21	49	29
2013	29	29	52	32
2014	32	30	53	36
2015	38	34	54	37
平均值	28	26	48	31

10. 经济组织（或经济圈）海洋社会通达度历年得分

附表7-10　2004—2015年各经济组织（或经济圈）海洋社会通达度平均得分

年份	东北亚经济圈	北美自由贸易区	东南亚国家联盟	欧洲联盟
2004	83	78	50	65
2005	83	82	52	68
2006	84	82	54	71
2007	85	82	59	73
2008	86	81	62	75
2009	88	80	62	75
2010	85	77	63	71
2011	83	72	62	68
2012	82	72	64	68
2013	83	71	66	69
2014	83	70	66	67
2015	81	65	62	62
平均值	84	76	60	69

11. 经济组织（或经济圈）海洋政治开放度历年得分

附表7-11　2004—2015年各经济组织（或经济圈）海洋政治开放度平均得分

年份	东北亚经济圈	北美自由贸易区	东南亚国家联盟	欧洲联盟
2004	82	81	85	79
2005	83	78	92	81
2006	82	78	93	82
2007	83	82	86	81
2008	85	85	86	82
2009	82	82	90	80
2010	82	79	92	81
2011	82	79	85	80
2012	76	73	78	74
2013	74	73	84	75
2014	80	79	90	80
2015	82	82	83	81
平均值	81	79	87	80

12. 经济组织（或经济圈）海洋科技合作度历年得分

附表7-12　2004—2015年各经济组织（或经济圈）海洋科技合作度平均得分

年份	东北亚经济圈	北美自由贸易区	东南亚国家联盟	欧洲联盟
2004	56	71	57	32
2005	53	70	54	31
2006	53	70	52	32
2007	53	65	47	29
2008	50	63	43	29
2009	67	73	55	32
2010	50	60	43	30
2011	60	61	46	31
2012	58	59	43	30
2013	59	59	45	31
2014	58	59	44	31
2015	60	63	46	32
平均值	56	64	48	31

附录八　G20沿海国家蓝色经济指数

1. G20沿海国家蓝色经济指数和一级指标平均得分

附表8-1　G20沿海国家蓝色经济指数和一级指标平均得分

指标	综合指标 蓝色经济指数	海洋经济发达度	海洋社会通达度	海洋政治开放度	海洋科技合作度
美国	77	24	88	82	84
中国	76	19	92	96	69
英国	74	28	93	97	47
韩国	73	42	83	82	54
日本	63	22	77	83	46
法国	62	22	74	96	31
德国	62	17	88	82	34
澳大利亚	62	25	78	82	36
加拿大	59	28	64	77	45
南非	54	42	53	82	15
意大利	52	15	77	78	17
俄罗斯	50	19	63	77	22
巴西	48	14	53	77	28
阿根廷	47	9	62	77	22
印度	45	22	30	81	27
印度尼西亚	42	17	37	78	19

2. G20沿海国家蓝色经济指数历年得分

附表8-2　2004—2015年G20沿海国家蓝色经济指数得分

国家/年份	2004	2005	2006	2007	2008	2009	2010	2011	2012	2013	2014	2015
美国	76	79	80	79	77	77	75	74	75	75	78	82
中国	68	68	71	75	74	80	77	81	81	79	81	81
英国	72	77	77	74	75	78	73	72	70	70	71	73
韩国	64	64	66	72	72	71	73	75	75	78	79	80
日本	61	68	68	63	62	65	66	59	58	61	62	67
法国	58	60	62	63	63	60	64	63	61	62	63	67
德国	62	59	62	63	62	58	62	66	65	60	60	63
澳大利亚	58	57	61	63	62	57	62	63	60	63	69	64
加拿大	57	60	60	61	61	57	60	60	58	59	61	62
南非	43	47	49	56	59	49	58	57	56	61	62
意大利	49	50	52	58	57	51	53	52	51	50	50	52
俄罗斯	40	42	43	46	49	50	52	49	56	57	58	57
巴西	44	46	42	44	44	47	53	54	49	49	52	52
阿根廷	39	45	48	44	45	47	48	48	48	52	52	49
印度	39	39	41	42	42	43	44	51	50	46	53	52
印度尼西亚	37	37	38	44	45	40	42	42	43	44	48	46

3. G20沿海国家海洋经济发达度历年得分

附表8-3　2004—2015年G20沿海国家海洋经济发达度得分

国家/年份	2004	2005	2006	2007	2008	2009	2010	2011	2012	2013	2014	2015
美国	22	25	23	21	28	19	17	23	19	28	29	35
中国	14	15	16	25	24	20	19	19	16	16	19	24
英国	26	38	30	26	38	24	23	26	22	26	28	32
韩国	25	30	29	37	49	45	45	47	44	47	51	56
日本	18	24	22	22	29	18	16	19	16	24	27	35
法国	18	24	23	22	26	19	18	20	19	23	22	31
德国	10	15	17	18	19	16	20	20	17	19	17	22
澳大利亚	30	20	27	27	28	21	26	21	22	24	27
加拿大	22	29	26	29	32	26	23	28	24	30	32	34
南非	30	41	38	41	57	43	29	37	33	46	50	57

续附表8-3

国家/年份	2004	2005	2006	2007	2008	2009	2010	2011	2012	2013	2014	2015
意大利	14	15	16	16	16	14	15	16	13	15	16	19
俄罗斯	16	18	16	17	30	22	21	21	13	16	13	19
巴西	12	12	11	16	16	15	13	14	12	14	14	15
阿根廷	9	10	9	8	12	8	9	8	8	8	8	8
印度	14	18	19	25	28	22	19	21	20	25	26	28
印度尼西亚	14	17	15	14	18	18	16	19	17	18	21	19

4. G20沿海国家海洋社会通达度历年得分

附表8-4 2004—2015年G20沿海国家海洋社会通达度得分

国家/年份	2004	2005	2006	2007	2008	2009	2010	2011	2012	2013	2014	2015
美国	94	99	98	97	94	90	86	80	81	78	80	74
中国	78	78	82	87	92	96	97	97	99	98	100	100
英国	100	100	100	100	99	99	94	88	85	85	84	78
韩国	85	87	88	89	86	87	83	79	78	78	79	74
日本	85	85	81	81	80	80	76	72	69	72	70	67
法国	72	72	73	80	81	79	79	74	73	73	72	65
德国	92	94	96	99	100	96	88	83	80	81	80	72
澳大利亚	76	80	81	83	85	81	78	76	74	74	77	71
加拿大	62	65	66	66	68	70	68	64	63	63	60	55
南非	40	46	47	46	46	48	53	58	60	64	63	61
意大利	78	80	81	83	80	84	78	77	73	74	73	66
俄罗斯	42	48	51	55	60	67	70	63	72	76	75	72
巴西	35	41	46	48	51	55	57	60	61	63	65	57
阿根廷	41	47	54	59	61	67	69	68	71	72	69	66
印度	23	24	27	26	28	30	33	34	33	34	37	36
印度尼西亚	27	27	28	32	37	37	40	40	41	45	46	45

5. G20沿海国家海洋政治开放度历年得分

附表8-5 2004—2015年G20沿海国家海洋政治开放度得分

国家/年份	2004	2005	2006	2007	2008	2009	2010	2011	2012	2013	2014	2015
美国	81	83	84	83	84	82	83	82	77	77	82	83
中国	98	99	99	97	99	97	98	97	89	89	95	95

续附表8-5

国家/年份	2004	2005	2006	2007	2008	2009	2010	2011	2012	2013	2014	2015
英国	96	98	99	99	99	97	99	98	92	92	98	99
韩国	81	81	82	83	83	78	79	80	73	89	97	77
日本	75	97	98	77	77	96	98	77	72	73	78	78
法国	96	98	99	99	99	97	99	98	90	90	96	97
德国	97	79	80	80	79	78	80	97	91	72	76	77
澳大利亚	78	79	80	79	80	79	81	82	75	92	100	82
加拿大	77	78	79	79	79	77	79	78	72	72	78	78
南非	76	76	79	98	100	76	78	97	90	70	75	74
意大利	74	75	76	97	97	75	76	75	70	70	74	74
俄罗斯	71	72	72	72	72	71	72	71	85	86	92	93
巴西	90	92	72	71	71	71	94	92	67	67	70	72
阿根廷	72	92	93	72	72	71	72	71	65	82	87	69
印度	78	76	77	76	78	77	78	100	94	76	81	80
印度尼西亚	72	73	74	94	95	75	76	75	70	72	80	77

6. G20沿海国家海洋科技合作度历年得分

附表8-6　2004—2015年G20沿海国家海洋科技合作度得分

国家/年份	2004	2005	2006	2007	2008	2009	2010	2011	2012	2013	2014	2015
美国	88	89	89	83	80	100	78	79	78	79	78	84
中国	67	64	64	61	57	92	58	75	73	74	70	73
英国	51	52	56	43	43	76	44	44	39	40	38	38
韩国	52	45	44	51	49	58	50	62	61	60	58	61
日本	50	49	50	47	44	52	42	44	41	43	45	46
法国	33	31	31	29	28	32	29	31	29	31	32	35
德国	35	36	35	32	31	30	32	34	34	36	38	40
澳大利亚	37	37	37	37	36	29	38	40	36	34	33	35
加拿大	53	51	51	48	45	45	41	42	40	40	40	42
南非	15	15	15	16	14	19	14	15	14	15	15	18
意大利	20	19	17	16	20	17	19	17	17	17	17	17
俄罗斯	21	20	20	20	19	30	20	21	21	22	23	26
巴西	28	26	26	24	25	35	25	28	27	27	29	32
阿根廷	22	22	22	20	21	30	20	72	20	21	19	23
印度	31	27	27	24	23	32	25	29	25	26	27	32
印度尼西亚	26	21	22	18	17	22	16	17	19	18	17	15

7. G20沿海国家蓝色经济指数谱系聚类图

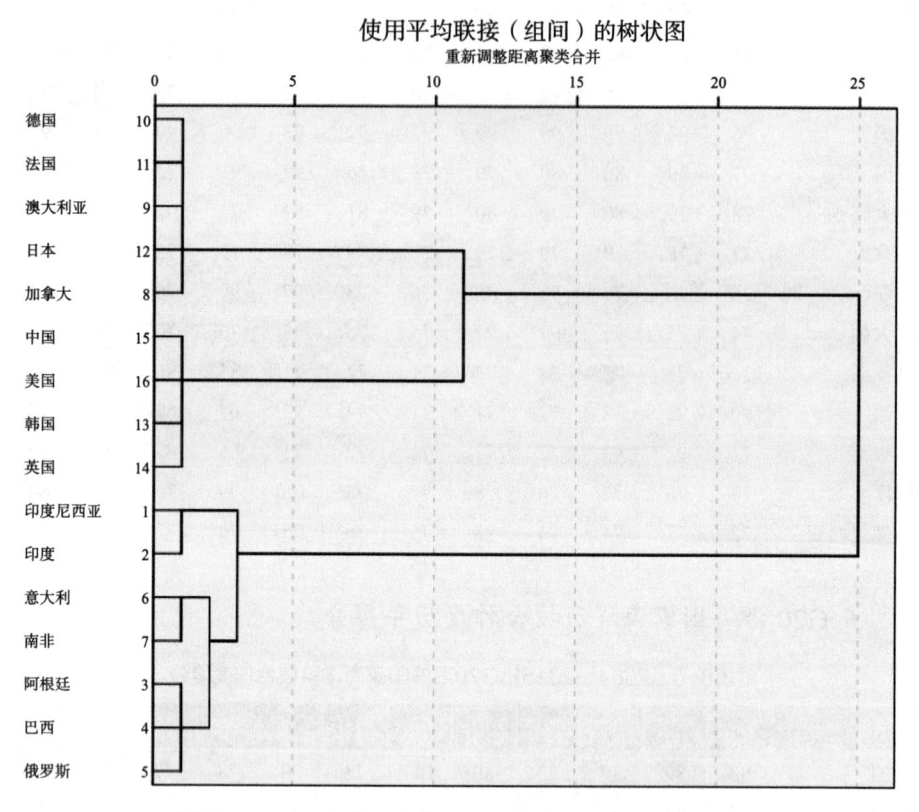

使用平均联接（组间）的树状图

附图8-1　G20沿海国家蓝色经济指数平均得分谱系聚类图

附录九　中国沿海省市（自治区）海洋经济全方位开放指数

1. 概念内涵

我国关于经济开放度的定量研究始于20世纪80年代，最初使用"国际贸易依存度"（即进出口贸易总额与国内生产总值的比值）来衡量一个国家或地区的对外开放的指标（解念慈，1988）。此后，学者们逐步将金融开放度（王露露，2015）、投资开放度、生产开放度（邵桂兰，2010）、技术开放度（罗忠洲，2007）、人员流动（周茂荣，2009）等纳入对外开放的范畴。然而受统计资料与数据的限制，经济开放度的数值多用一个或几个指标表示，无法全面反映经济开放水平。2012年，国家发展改革委国际合作中心发布《中国区域对外开放指数研究报告》，通过经济开放、技术开放和社会开放来反映对外开放的内涵。

经济全方位开放，是相对于传统意义上的对外开放而言的。在政治一体化、经济全球化的今天，对外开放所倡导的经济、政治、文化等领域的开放已不足以表现全球经济发展的进程。所谓经济全方位开放，应表现为一国或地区对外开放在范围的全方位和领域的全方位。一方面，经过近40多年的改革开放历程，当今的开放展现为国际化开放与区际化开放并存的"二重开放"（何元庆，2006；陈婧，2009），对单一区域来说，经济全方位开放指数不仅要展现其在各领域的国际交流与合作，同时也应体现区际间的资源流动、技术获取、成果共享等。另一方面，随着全球经济的快速发展，新的开放领域和空间被不断拓展，科技、社会开放对经济增长的影响程度逐步增大，安全、权益等领域更是与一国发展密切相关。

海洋经济全方位开放指数，是经济全方位开放指数在海洋领域中的应用。海洋经济的发展历程呈现为由陆地主导型海洋经济转向陆海统筹型海洋经济，进而演变为全方位开放型海洋经济的趋势。对于我国当前海洋经济发展而言，海洋经济全方位开放指数一方面有助于摸清我国海洋经济全方位开放的发展趋势；另一方面有助于明确量化不同地区在海洋经济全方位开放方面的差距，深入分析扩大海洋经济全方位开放与海洋经济协调发展之间的重

要关系，为科学制定沿海地区开放政策提供支撑。

综上，本研究所指海洋经济全方位开放指数，是衡量一国或地区海洋经济全方位开放水平，切实反映一国或地区海洋经济开放深度与广度的综合性指数。海洋经济全方位开放指数测度借鉴国内外关于经济增长与经济开放度测度等理论与方法，基于海洋经济全方位开放的内涵分析构建指标体系，力求全面、客观、准确地反映我国海洋经济全方位开放水平的地区差异和开放空间格局的演变历程，形成一套比较完整的指标体系和测度方法。通过指数测度，为综合评估开放型海洋经济发展进程，完善海洋经济开放政策提供支撑和服务。

2. 指标体系

在具体指标的设置上，结合我国海洋经济发展实际，从海洋经济开放分指数、海洋社会开放分指数、海洋科技开放分指数的内涵出发构建指标体系（见附表9-1），在可以充分反映海洋经济开放程度的同时，增加海洋社会和科技领域的指标，力求保证指标体系的科学性与合理性。

海洋经济开放分指数旨在衡量海洋经济融入外部市场的程度和能力。海洋经济的发展依托于海洋产业，而涉及海洋经济开放的产业主要有海洋渔业、海洋交通运输业和滨海旅游业。因此从海洋渔业开放、海洋交通运输业开放、滨海旅游业开放和其他经济开放4个方面来设置海洋经济开放分指数的指标。其中，海洋渔业开放的程度以水产品进（出）口依存度体现，海洋渔业开放的能力以沿海地区渔港个数体现；海洋交通运输业开放的指标选取沿海港口货物运输量与总货运量的比值和沿海港口旅客运输量与总客运量的比值；滨海旅游业开放的程度和能力分别用国际旅游外汇收入与地区生产总值的比值和沿海地区旅行社数来体现；此外，从经济整体发展出发，以外商投资企业货物进出口总额与地区生产总值的比值、实际使用外资金额与地区生产总值的比值、涉海就业人数增加率来反映经济对外交流中货物、资金、人员的流动程度。

附表9-1　海洋经济全方位开放指数指标体系[①]

综合指数	一级指标	二级指标	具体指标
海洋经济全方位开放指数	海洋经济开放分指数	海洋渔业开放	水产品进口依存度（%）
			水产品出口依存度（%）
			沿海地区渔港个数（个）
		海洋交通运输业开放	沿海港口货物运输量与总货运量的比值（%）
			沿海港口旅客运输量与总客运量的比值（%）
		滨海旅游业开放	国际旅游外汇收入与地区生产总值的比值（%）
			沿海地区旅行社数（个）
		其他经济开放	外商投资企业货物进出口总额与地区生产总值的比值（%）
			实际使用外资金额与地区生产总值的比值（%）
			涉海就业人数增加率（%）
	海洋社会开放分指数	海洋教育开放	沿海高校国际合作派遣人员（人次）
			沿海高校国际合作接受人员（人次）
			沿海高校国际学术会议主办次数（次）
			海洋专业本硕博专业点数（个）
		通信开放	邮电业务总量与地区生产总值的比值（%）
			互联网上网人数与当年年末常住人口比值（%）
		文化开放	博物馆参观人次（万人次）
			每万人涉外及港澳台居民登记结婚比例（%）
	海洋科技开放分指数	海洋科技成果开放	海洋科研机构科技论文国外发表数与总数的比值（%）
			海洋科研机构科研人员发表科技论文数（篇）
			海洋科研机构本年出版科技著作（种）
			沿海地区发表海洋学SCI论文篇数（篇）
			沿海地区海洋领域专利申请数量（个）
		海洋科技进步开放	海洋科技进步贡献率（%）
			海洋科研教育管理服务业与地区海洋生产总值的比值（%）

[①] 数据来源：《中国海洋统计年鉴》、《中国渔业统计年鉴》、国家统计局数据、高等学校科技统计资料汇编等；海洋科技成果开放相关数据由科技部、中国科学院兰州情报研究中心提供；海洋科技进步贡献率由笔者根据索洛余值法测算得到。

海洋社会开放分指数主要评估海洋经济全方位开放的社会环境。社会开放涉及语言习俗、信息交流、科研教育、文化交融、宗教信仰等多方面，受海洋领域统计数据限制，从海洋教育开放、通信开放、文化开放3个方面设置海洋社会开放分指数的指标。其中，海洋教育开放的指标选取沿海高校国际合作派遣（接受）人员、沿海高校国际学术会议主办次数和海洋专业本硕博专业点数；通信开放以邮电业务总量与地区生产总值的比值和互联网上网人数与当年年末常住人口比值体现；文化开放以博物馆参观人次和每万人涉外及港澳台居民登记结婚比例体现。

海洋科技开放分指数主要衡量吸收海洋先进技术、创造海洋领先技术、形成海洋科技成果的能力。随着我国海洋战略地位的提升，海洋经济的发展越来越依赖海洋科技，海洋科技进步已成为海洋经济发展的根本支撑和主导动力。因此，从海洋科技成果开放和海洋科技进步开放两个方面设置海洋科技开放分指数的指标。其中，海洋科技成果开放的指标选取海洋科研机构科技论文国外发表数与总数的比值、海洋科研机构科研人员发表科技论文数、海洋科研机构本年出版科技著作、沿海地区发表海洋学SCI论文篇数和沿海地区海洋领域专利申请数量；海洋科技进步开放则用海洋科技进步贡献率和海洋科研教育管理服务业与地区海洋生产总值的比值反映。

3. 测度方法

海洋经济全方位开放指数的测算方法同样为标杆分析法。通过考察原始数据的连续性，拟测度2000—2014年我国11个沿海省市的海洋经济全方位开放指数。设定每一指标的最大值为基准值，基准值为100。具体操作为：

$$C_{ij}^t = \frac{100 x_{ij}^t}{X_{ij}^t}$$

式中，$i = 1 \sim 25$，表示25个指标；$j = 1 \sim 11$，表示11个沿海省市；$t = 2000—2014$，表示2010—2014年。x_{ij}^t表示各年各项指标的原始数据值，X_{ij}^t表示各年各项指标原始数据值中的最大值，C_{ij}^t表示各年各项指标的得分。

根据各年各项指标得分，采用同样方法测度海洋经济开放分指数、海洋社会开放分指数、海洋科技开放分指数，进而得到2000—2014年海洋经济全方位开放指数的综合得分。需要说明的是，本研究在指标设置时充分考虑了各分指数的重要程度,并据此确定指标数量,为尽量避免人为因素干扰,指数测度过程中各项指标为等权重。

4. 海洋经济全方位开放指数测算结果

附表9-2 2000—2014年沿海省市(自治区)海洋经济全方位开放指数测算结果

年份	上海市	广东省	山东省	浙江省	江苏省	福建省	辽宁省	海南省	天津市	广西壮族自治区	河北省
2000	95	89	100	92	74	74	56	44	52	38	28
2001	85	82	100	96	79	77	54	51	45	48	28
2002	99	100	98	100	88	82	60	46	60	44	32
2003	99	91	100	95	84	78	63	45	52	39	28
2004	94	89	100	90	85	71	60	40	48	37	24
2005	100	97	93	95	88	82	63	54	55	39	27
2006	96	100	92	87	84	79	60	58	55	40	30
2007	100	97	84	81	81	76	56	59	52	40	31
2008	100	97	88	93	81	83	64	67	50	43	34
2009	100	91	83	80	80	76	70	55	49	41	34
2010	100	97	92	83	89	84	66	64	51	42	35
2011	100	92	87	82	84	79	64	64	49	41	34
2012	100	93	87	81	82	78	63	59	49	42	33
2013	100	97	88	85	81	80	65	62	52	45	35
2014	100	94	83	81	76	76	60	59	47	43	35
平均值	98	94	92	88	82	78	62	55	51	42	31

5. 海洋经济全方位开放分指数测算结果

附表9-3 2000—2014年沿海省市(自治区)海洋经济全方位开放分指数测算结果

年份	上海市			广东省			山东省			浙江省		
	经济	社会	科技	经济	社会	科技	经济	社会	科技	经济	社会	科技
2000	100	100	34	93	60	68	87	66	95	57	72	100
2001	85	100	42	99	70	48	100	68	97	51	75	83
2002	100	100	45	96	71	81	87	67	91	71	77	100
2003	100	100	43	79	69	76	83	66	96	59	76	100
2004	100	100	48	75	75	85	90	73	100	62	76	98
2005	100	100	55	72	85	91	71	67	100	62	83	97
2006	100	100	56	78	92	97	79	66	100	71	73	90
2007	100	100	76	77	90	100	79	58	93	72	72	80

续附表9-3

年份	上海市 经济	上海市 社会	上海市 科技	广东省 经济	广东省 社会	广东省 科技	山东省 经济	山东省 社会	山东省 科技	浙江省 经济	浙江省 社会	浙江省 科技
2008	100	100	82	90	84	100	92	62	94	98	79	85
2009	100	100	90	79	85	100	76	70	96	75	79	77
2010	100	100	73	78	85	100	77	79	95	74	77	76
2011	100	100	85	79	88	95	75	73	100	76	74	83
2012	100	100	84	79	84	100	73	74	100	76	74	79
2013	100	100	80	89	82	100	76	79	91	84	79	75
2014	100	100	77	79	81	100	66	67	96	72	77	76
平均值	99	100	65	83	80	89	81	69	96	71	76	87

年份	江苏省 经济	江苏省 社会	江苏省 科技	福建省 经济	福建省 社会	福建省 科技	辽宁省 经济	辽宁省 社会	辽宁省 科技	海南省 经济	海南省 社会	海南省 科技
2000	36	68	79	66	67	50	59	55	25	59	35	17
2001	51	75	83	83	69	52	60	56	28	77	36	23
2002	70	75	75	78	73	52	63	64	24	59	35	19
2003	46	80	81	62	74	56	64	57	35	53	35	22
2004	64	78	82	56	72	58	68	54	36	42	39	25
2005	61	82	82	76	75	58	62	69	28	59	47	32
2006	65	80	79	79	76	58	73	59	29	66	56	33
2007	68	78	77	81	73	55	76	49	30	76	56	30
2008	77	73	79	100	70	63	93	56	33	99	55	36
2009	67	88	77	85	76	59	79	70	53	71	54	35
2010	65	94	83	81	84	63	76	63	42	72	54	48
2011	63	91	86	86	78	61	75	54	53	76	49	57
2012	58	91	83	85	77	59	76	51	50	72	48	49
2013	61	90	76	93	78	51	77	50	56	85	45	43
2014	48	83	81	79	75	56	60	50	57	72	47	44
平均值	60	82	80	79	74	57	71	57	39	69	46	34

年份	天津市 经济	天津市 社会	天津市 科技	广西壮族自治区 经济	广西壮族自治区 社会	广西壮族自治区 科技	河北省 经济	河北省 社会	河北省 科技
2000	64	39	27	31	39	25	28	37	5
2001	48	40	30	54	39	35	32	38	5
2002	65	45	41	38	44	27	32	41	6
2003	50	44	35	24	45	27	26	39	5
2004	50	48	29	21	48	28	23	34	6
2005	55	48	36	20	50	28	24	36	7

续附表9-3

年份	天津市 经济	天津市 社会	天津市 科技	广西壮族自治区 经济	广西壮族自治区 社会	广西壮族自治区 科技	河北省 经济	河北省 社会	河北省 科技
2006	59	50	38	31	48	28	35	38	7
2007	59	45	39	34	49	27	34	34	19
2008	61	45	36	41	50	31	40	36	20
2009	59	47	37	35	51	33	35	41	23
2010	56	42	42	33	52	29	35	43	17
2011	55	38	45	35	50	32	34	39	22
2012	53	38	46	32	49	38	32	41	20
2013	62	37	47	38	51	37	35	44	19
2014	51	35	45	26	54	40	26	41	29
平均值	56	43	38	33	48	31	31	39	14

6. 海洋经济全方位开放指数聚类分析结果

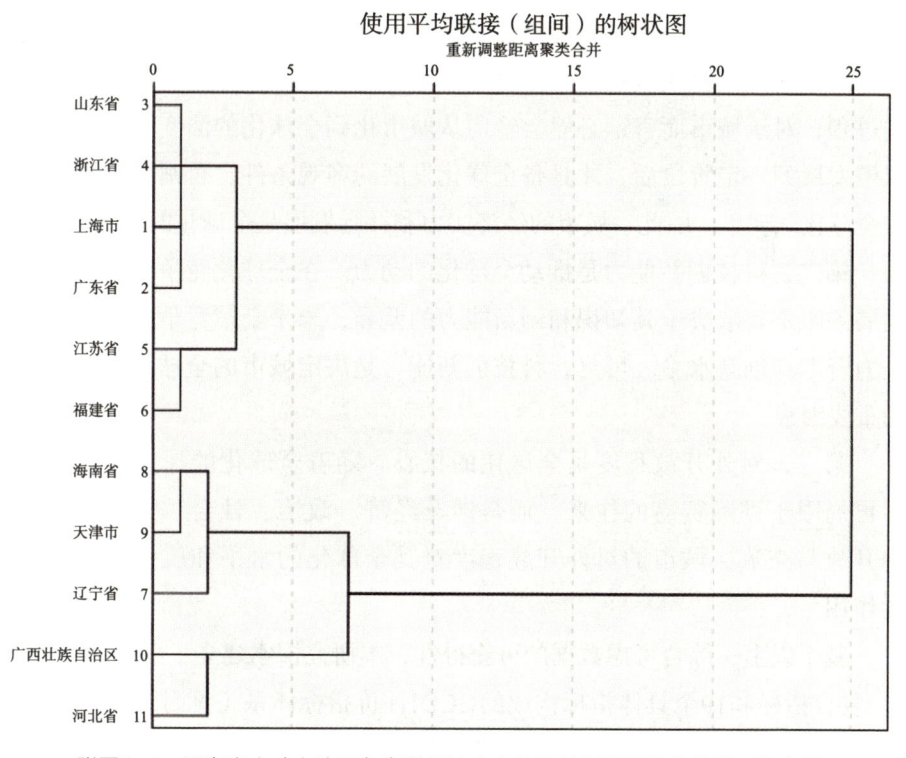

使用平均联接（组间）的树状图

附图9-1 沿海省市（自治区）海洋经济全方位开放指数平均得分谱系聚类图

附录十　中国沿海城市全球化城市发展指数

1. 指标探索

近年来，全球化已不再局限于经济全球化，而是渗透到经济体的各个方面。城市作为经济发展的重要载体之一，逐渐成为推动各国全球化发展的主导力量，城市全球化也成为全球化进程中最重要的特征之一。在此前提下，本研究主张全球化是在一定的城市规模下，城市经济实力显著增强，社会发展水平明显提高，对外开放程度不断提升，在城市化和对外开放的双重作用下，城市全球化水平不断提高。据此，本研究提出全球化城市发展指数（Global City Development Index，GCDI），通过衡量城市化质量和全方位开放程度，来反映城市的全球化发展水平和潜力。GCDI是一个复合型指标，应综合考虑经济、社会、科技等多重因素，纵观世界城市的发展历程，构建GCDI评价指标体系，应重点考虑以下几个问题：

第一，城市化质量是全球化发展的前提和基础。全球化是一个漫长的演进过程，对于城市而言，必然会经历从城市化到全球化的演变，只有当城市规模发展到一定阶段后，才具备全球化发展的客观条件，否则就会出现"虚假全球化"现象。因此，城市的经济实力和社会发展是全球化的基础。

第二，科技创新能力是推动全球化的动力。在全球化竞争时代，各国的发展差距主要取决于其知识和创新能力的差异，未来全球竞争更多依赖的是人力资本和创新水平。可见，科技创新能力是决定城市的全球化深度和广度的重要因素。

第三，对外开放程度是全球化的核心。随着全球化的深入发展，各国不再局限于国际贸易的往来，而是涉及经济、政治、社会、文化等多领域的开放与交流，城市的对外开放程度对其全球化的水平和质量发挥着决定性作用。

基于以上，综合考虑数据的可获得性，本研究探索建立了由1个总目标、5个复合指标和19个具体指标构成的GCDI评价指标体系（见附表10-1）。其中，基础性指标反映了城市的总体发展水平，核心性指标则反映了城市在经济、政治等领域的对外开放程度。两类指标相互作用，相互联系，一方面，全球化需要一定的城市发展实力为基础；另一方面，全球化水平也会影响到城市的长远发展。

附表10-1　全球化城市发展指数（GCDI）评价指标体系

目标层	复合指标层		具体指标层
全球化城市发展指数	基础性指标	经济基础	地区生产总值
			人均社会消费品零售总额
			职工平均工资
		社会发展	公共财政支出
			互联网宽带接入用户数
			每万人拥有中小学教师数
			每百人公共图书馆藏书量
			每万人拥有医生数
			每万人拥有城市医疗保险数
			绿地面积占土地面积比重
		科技创新	人均科学技术支出
			科研相关工作人数
			普通高等学校数
			普通高校专任教师数
	核心性指标	经济全球化	实际使用外资金额
			国际旅游外汇收入
			进出口贸易总额
		政治全球化	国际友好城市数量
			外国驻华领事馆数量

2. 研究方法

本研究采用主成分分析法对GCDI进行测算。主成分分析法（Principal Components Analysis，PCA）最早是由K. Pearson在研究非随机变量的计算时提出，后来由Hotelling将其推广至随机变量的研究中，逐渐成为进行经济评价最常用的方法之一。

主成分分析法的基本思想是降维，通过线性变换的方法，将原始变量转换成一组不相关的变量，并按照方差递减的顺序进行排列。但在测算过程

中，笔者发现，我国多数沿海城市普遍存在经济、社会发展不协调的问题，也就是社会建设情况与经济发展水平不相匹配。在这种情况下，进行变量间的线性组合，必然会导致个别城市在某一领域的得分出现偏差，但并不能由此判定其发展好坏。基于此，本研究尝试采用两次主成分分析法，即首先对复合层指标进行一次主成分分析，然后在此基础上进行二次主成分分析得到目标层的综合得分，以期能客观、准确地反映出各城市的全球化发展水平。

3. 中国沿海城市全球化城市发展指数得分

附表10-2　2015年中国沿海城市GCDI及相关因子得分与排名情况

城市	经济基础因子 得分	排名	社会发展因子 得分	排名	科技创新因子 得分	排名	全球化水平因子 得分	排名	全球化发展指数 得分	排名
上海市	3.024	1	1.411	3	3.793	1	4.734	1	3.011	1
深圳市	2.860	2	3.217	1	1.138	5	1.841	3	1.936	2
广州市	2.155	3	0.937	4	3.358	2	2.405	2	1.929	3
天津市	1.935	4	0.645	5	2.121	3	1.630	4	1.599	4
杭州市	1.118	5	0.312	9	1.477	4	0.855	5	0.801	5
青岛市	0.590	9	0.082	11	0.437	8	0.477	6	0.475	6
东莞市	0.645	7	2.006	2	-0.181	15	0.251	9	0.424	7
大连市	0.617	8	0.003	13	0.664	6	0.431	7	0.378	8
宁波市	0.878	6	0.042	12	0.122	10	0.137	10	0.291	9
厦门市	0.321	12	0.568	6	0.264	9	0.377	8	0.279	10
福州市	0.236	13	-0.258	24	0.647	7	-0.071	14	0.130	11
珠海市	0.469	11	0.437	7	0.093	11	-0.044	13	0.129	12
佛山市	0.528	10	0.180	10	-0.391	26	0.115	11	0.073	13
潍坊市	-0.329	25	-0.123	17	-0.170	13	-0.036	12	-0.054	14
烟台市	-0.004	19	-0.297	27	-0.065	12	-0.202	16	-0.110	15
中山市	0.090	15	0.330	8	-0.206	16	-0.373	23	-0.131	16
温州市	0.001	18	-0.125	18	-0.336	20	-0.349	21	-0.140	17

续附表10-2

城市	经济基础因子 得分	经济基础因子 排名	社会发展因子 得分	社会发展因子 排名	科技创新因子 得分	科技创新因子 排名	全球化水平因子 得分	全球化水平因子 排名	全球化发展指数 得分	全球化发展指数 排名
舟山市	0.156	14	−0.027	14	−0.436	27	−0.404	25	−0.154	18
嘉兴市	0.056	16	−0.073	16	−0.328	19	−0.342	20	−0.156	19
泉州市	−0.234	22	−0.395	28	−0.177	14	−0.182	15	−0.195	20
绍兴市	−0.120	20	−0.192	21	−0.255	17	−0.309	18	−0.197	21
威海市	−0.270	24	−0.196	22	−0.264	18	−0.312	19	−0.251	22
惠州市	−0.333	26	−0.034	15	−0.383	25	−0.243	17	−0.265	23
东营市	0.034	17	−0.176	20	−0.453	29	−0.523	34	−0.285	24
唐山市	−0.181	21	−0.408	29	−0.349	21	−0.476	28	−0.288	25
台州市	−0.264	23	−0.419	30	−0.487	30	−0.479	29	−0.332	26
海口市	−0.515	27	−0.173	19	−0.359	23	−0.475	27	−0.377	27
三亚市	−0.549	28	−0.226	23	−0.362	24	−0.372	22	−0.390	28
漳州市	−0.601	29	−0.518	39	−0.438	28	−0.410	26	−0.419	29
锦州市	−0.984	40	−0.426	31	−0.352	22	−0.485	30	−0.487	30
日照市	−0.682	30	−0.548	40	−0.616	35	−0.379	24	−0.492	31
莆田市	−0.707	31	−0.548	41	−0.608	34	−0.531	35	−0.494	32
汕头市	−0.763	33	−0.285	26	−0.643	39	−0.552	36	−0.498	33
湛江市	−0.833	35	−0.444	33	−0.523	31	−0.517	32	−0.514	34
茂名市	−0.740	32	−0.437	32	−0.621	36	−0.624	43	−0.540	35
盘锦市	−0.953	38	−0.278	25	−0.581	32	−0.562	38	−0.544	36
营口市	−0.938	37	−0.479	36	−0.599	33	−0.503	31	−0.545	37
宁德市	−0.781	34	−0.573	42	−0.640	38	−0.574	39	−0.555	38
揭阳市	−0.973	39	−0.470	35	−0.657	40	−0.609	40	−0.598	39
阳江市	−0.888	36	−0.509	37	−0.667	42	−0.622	42	−0.598	40
潮州市	−1.014	42	−0.451	34	−0.663	41	−0.519	33	−0.599	41
葫芦岛市	−1.056	43	−0.577	43	−0.629	37	−0.559	37	−0.617	42
汕尾市	−1.000	41	−0.510	38	−0.678	43	−0.618	41	−0.633	43

4. 全球化城市发展指数聚类分析结果

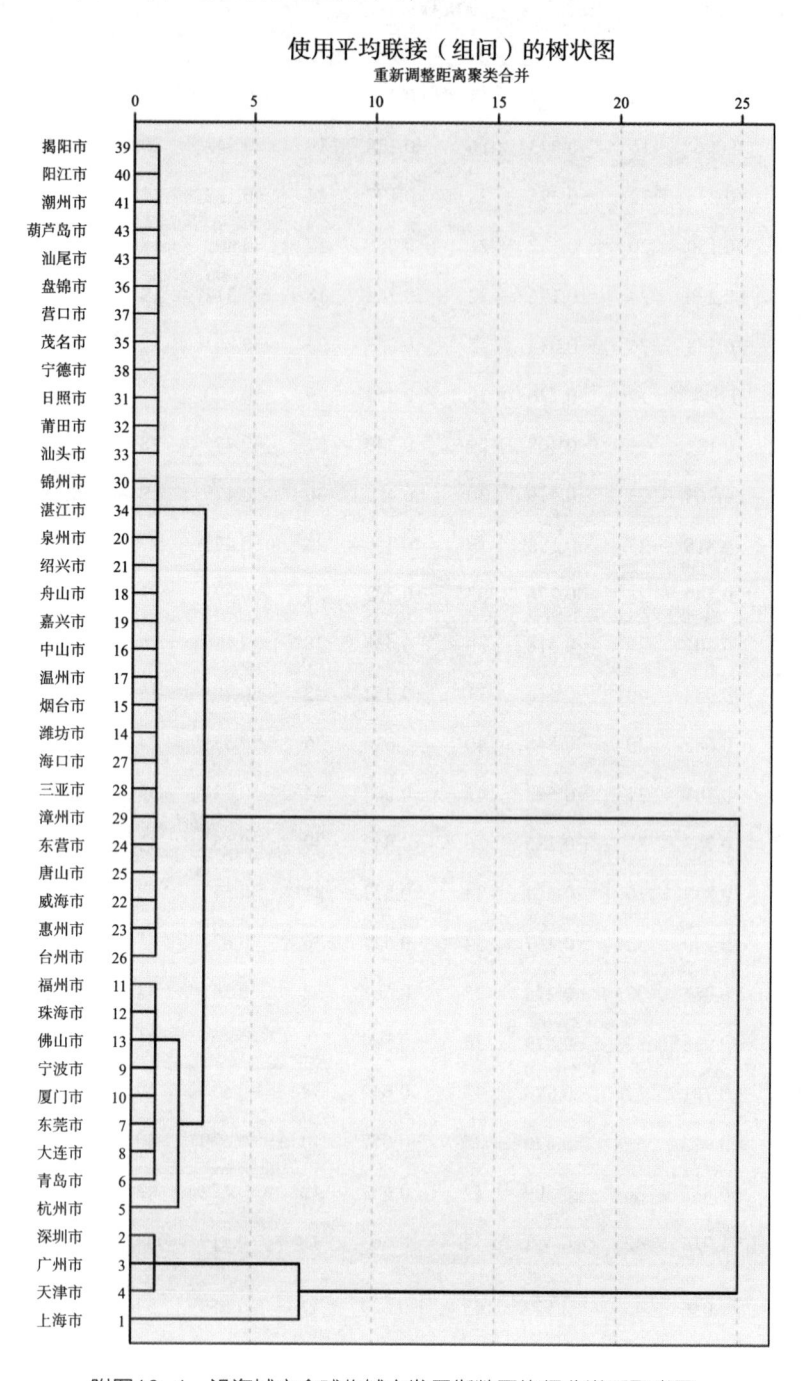

附图10-1　沿海城市全球化城市发展指数平均得分谱系聚类图

编制说明

近年来，海洋已经成为推动全球经济及社会发展的重要引擎和可持续发展的重要空间，蓝色经济对沿海国家和地区的经济社会发展、人民生活水平的提高和就业的贡献越来越大，在区域经济和社会可持续发展中的地位和作用更加突出。通过梳理国内外相关文献和资料，可发现，国际流行的指数大多为西方国家发布，指标设置的适用性存在歧视性，而中国在国际指数发布方面缺少积极表现。同时，在蓝色经济领域，相关的定量测算尚未有效开展，无论是西方国家还是中国均未发布全面衡量蓝色经济开放水平的指数。

在上述背景下，编写组于2016年下半年起着手开展蓝色经济指数的测算工作，并于2017年正式开始本书的编写。但是，蓝色经济作为一种新型经济形态，在理论研究、数据发布等方面均尚处于起步阶段，受制于基础数据的可获得性，本研究在指标体系构建方面存在以下几点不足和有待完善之处，现将有关情况说明如下：

（1）选取了海洋经济、海洋社会、海洋治理和海洋科技4个领域共25个具体指标来全面衡量全球蓝色经济开放水平，其中海洋经济重点衡量了沿海国家渔业、船舶工业等产业的开放程度；海洋社会重点衡量了沿海国家海上交通运输业和旅游业等产业的开放程度。总体来看，这两个领域的绝大部分指标能较为直观地反映出一个国家或地区海洋经济和海洋社会的开放水平和发展状况。相比之下，海洋治理从国家安全和国家政策两个维度表征了一个国家或地区的海洋治理程度；海洋科技则是从科技资金、科技产品和科技成果3个层面反映一个国家或地区的海洋科技开放现状。

（2）根据第二章可知，目前国际学术界尚无"蓝色经济"的明确定义，但普遍达成共识的是，蓝色经济蕴含可持续发展的思想。在前文叙述中也提到，海洋科技成为解决海洋生态环境问题的重要手段。但受制于统计口径和数据的可获得性，当前指标体系并未考虑生态环境相关数据，尚不能完全反映出可持续发展的思想。

（3）由于各国政策的不同，导致"非本地居民商标申请数量"和"非本地居民专利申请数量"并不能真实地反映出一国或地区的科技合作程度和开

放水平。此外,将海洋政治开放度的三级指标"武器进口依存度"定义为正向指标,仍有待进一步改进。

(4)综合上述内容可以发现,海洋经济和海洋社会能较为准确地反映出一个国家或地区的蓝色经济开放程度,但海洋政治和海洋科技则略有欠缺。对于该问题,下一步研究拟采用德尔菲法,综合考虑不同领域专家学者的意见,对4个领域赋予不同的权重,以弱化相关性较差的指标对蓝色经济指数测算结果的负面影响;探索或构建更加合理的具体指标来反映海洋治理和海洋科技领域的开放程度;针对环境指标的问题,拟从温室气体排放等角度尝试完善指数评价指标体系。

本书是全球蓝色经济指数测算的阶段性尝试,在指标选取、体系构建、数据测算等方面吸收和借鉴了业内诸多专家学者的意见和建议。需要说明的是,来自中央财经大学的欧阳慧敏同学参与编写了本书第九章内容,来自中国海洋大学的刘方正同学参与编写了本书第十二章内容。另外,国家海洋局第一海洋研究所海洋政策研究中心的邢文秀、于莹、李先杰、徐孟和李晓璇,厦门大学的葛佳敏同学和中国海洋大学的安晨星同学,对本书的修改和完善亦有重要贡献。这里,一并向给予本书写作提供大量指导和建议的各位专家和同仁表示衷心的感谢。

最后,编写组会继续关注蓝色经济领域,开展后续研究,争取尽快发布全球蓝色经济指数报告。